贵州民族大学学术文库

硅纳米晶发光增强研究

GUINAMIJING FAGUANG ZENGQIANG YANJIU

陈家荣 ◎ 著

西南交通大学出版社

·成 都·

图书在版编目（CIP）数据

硅纳米晶发光增强研究 / 陈家荣著. —成都：西南交通大学出版社，2017.7
ISBN 978-7-5643-5468-8

Ⅰ. ①硅… Ⅱ. ①陈… Ⅲ. ①硅－晶体－纳米材料－发光强度－研究 Ⅳ. ①TB383

中国版本图书馆 CIP 数据核字（2017）第 122260 号

硅纳米晶发光增强研究

陈家荣 著

责任编辑	李 伟
封面设计	墨创文化
出版发行	西南交通大学出版社 （四川省成都市二环路北一段 111 号 西南交通大学创新大厦 21 楼）
发行部电话	028-87600564 028-87600533
邮政编码	610031
网 址	http://www.xnjdcbs.com
印 刷	成都蓉军广告印务有限责任公司
成品尺寸	170 mm × 230 mm
印 张	10.25
字 数	158 千
版 次	2017 年 7 月第 1 版
印 次	2017 年 7 月第 1 次
书 号	ISBN 978-7-5643-5468-8
定 价	58.00 元

图书如有印装质量问题 本社负责退换

前言

PREFACE

与块体硅相比，镶嵌在 SiO_2 中的硅纳米晶（Si-nc）因具有制备工艺简单、成本低廉和安全无毒等特点，被认为是一种具有广泛应用前景的硅光源材料，成为多年来研究的热点之一。硅纳米晶具有光致发光（PL）、电致发光（EL）等光学性质。其光致发光研究相对比较成熟，因此得到广泛应用；而电致发光的发光机理相对光致发光更加复杂，且发光强度较弱，其应用受到限制，难点在于如何使载流子有效地注入硅纳米晶内部而复合发光。本书主要从硅纳米晶的电致发光机理出发，研究提高硅纳米晶电致发光强度的方法，为硅基发光二极管的使用打下一定的基础。

本书共 8 章，具体安排如下：

第 1 章为绪论部分，主要介绍硅纳米晶发光的研究背景、现状及其发展，以及制备硅纳米晶所需的实验仪器和测试中所采用的方法。

第 2 章介绍制备硅纳米晶的设备及其主要技术，简要地介绍化学气相沉积法、离子束注入法、脉冲激光沉积法等常用的制备硅纳米晶的方法，重点介绍本书中所使用的反应蒸发方法，同时介绍表征硅纳米晶的方法，主要包括光致发光谱、拉曼光谱、电致发光谱、透射电子显微镜谱（TEM）等。之后通过比较不同样品的发光峰位、串联电阻和开启电压等参数来验证硅纳米晶电致发光的机理，得出了硅纳米晶的电致发光机理与小尺寸的硅纳米晶有关、而与大尺寸的硅纳米晶无关的结论，从而为提高硅纳米晶电致发光的强度提供理论依据。

第 3 章研究界面效应对硅纳米晶发光的影响，为提高硅纳米晶的发光强度提供了理论依据。实验中通过在不同的基体中（Si_3N_4、SiO_2）制备硅纳米晶样品，得到不同的界面态和界面势垒，研究界面效应在硅纳米晶发光中所起的作用。

第 4 章介绍场效应的定义及其应用，研究场效应对硅纳米晶电致发光强度的影响。在前面章节已得到阻碍硅纳米晶电致发光应用的最大因素是其电致发光强度较低，基于硅纳米晶的电致发光机理，将场效应层 i-Si 和 Al_2O_3 加入含硅纳米晶的发光二极管（LED）中，通过测量其 *I-V* 曲线，得到在有源层与 i-Si 和 Al_2O_3 之间都存在着界面电场。该电场有利于硅纳米晶中载流子的传输，从而提高硅纳米晶的电致发光强度。通过实验得出：加入 i-Si 后，硅纳米晶的电致发光强度增加 8.5 倍，而加入 Al_2O_3 层后，其强度增加 7.8 倍。将厚度为 10 nm 的 i-Si 和 15 nm 的 Al_2O_3 同时加入发光二极管中，硅纳米晶的电致发光强度可提高一个数量级。

第 5 章研究表面等离子体增强硅纳米晶的发光技术，研究了一种制备 Ag 表面等离子体的新方法。将制备的 Ag 纳米颗粒加入 SiO_2 中可提高其电致发光强度，其结果表明在界面处存在着电致的表面等离子体，当退火温度为 200 °C 时，SiO_2 的电致发光强度最强。同样在含硅纳米晶的发光二极管中加入 Ag 纳米颗粒后，当退火温度为 200 °C 时，其电致发光强度可提高 5.2 倍。

第 6 章从提高电致发光强度最基本的方法——提高硅量子点的浓度出发，初步研究了量产硅量子点的制备方法及其发光特性，通过改变硅量子点的浓度和离心速率等参数，得出最佳的量产硅量子点制备条件，从而得出较强的光致发光和电致发光强度。

第 7 章研究了 H 钝化和 Ce^{3+} 掺杂对硅纳米晶光学增益的增强，通过实验得出：当进行双面掺杂和 H 钝化之后，硅纳米晶的光学增益可得到大大提高。当功率密度为 0.04 W/cm^2 时，无增益存在，而随着脉冲功率密度从 0.04 W/cm^2 增加到 0.3 W/cm^2，可得到较高的增益。

第 8 章对本书的研究内容进行了总结，并对其将来的应用进行了展望。

作　者

2017 年 3 月

目录

CONTENTS

1 绪　论

1.1　研究背景

众所周知，硅是最重要的半导体材料之一。地球上硅含量丰富，其机械和热学性能好，并且很容易被氧化成高质量的二氧化硅。二氧化硅不仅绝缘性能好，而且还是很好的扩散阻挡层材料，所以硅是现代微电子器件的基石。但由于受到微电子器件制备工艺的限制，要想再进一步提高微电子器件的集成度已经非常困难[1]。另外，电子的传输需要大量金属线连接，且电子本身传输速度慢，因此，微电子作为信息载体所传输的信息量较小。而光纤通信中传输信息的载体是光子，光纤连接可以解决金属线连接和电子本身传输速度慢等问题[2]，因而若以光子代替电子作为信息载体，就可以实现超大容量信息存储、超高速度信息传输和信息处理。基于此，要求电子集成发展成光电子集成。目前，光子集成的思路是：将光源、调制器、探测器等有源器件集成在同一个衬底材料上，利用光波导、隔离器、耦合器和滤波器等无源器件将其连接起来，形成完整的集成光路。基于硅的光电集成技术，对硅光源、硅基波导和硅基谐振腔都提出了迫切的需求，在过去的十几年里，硅基波导和硅基谐振器已得到了解决，而硅光源还有待进一步研究。

块体硅是一种禁带宽度为 1.12 eV 的间接带隙半导体材料，其能带结构如图 1.1 所示。即在 k 空间中，其导带底与价带顶对应着不同的 k 值。根据动量守恒定律，其发光过程需要声子的参与才能完成，因此，块体硅的发光内量子效率极低，为 $10^{-6}\sim10^{-7}$ 量级（内量子效率是指辐射跃迁概率与总跃迁概率的比值）。

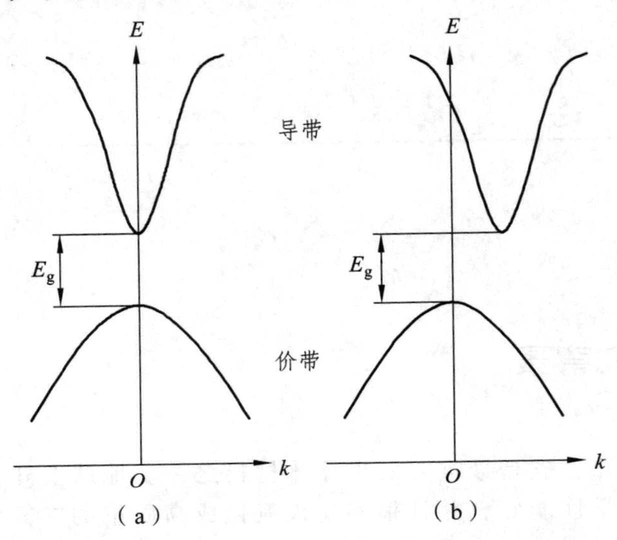

图 1.1　直接带隙与间接带隙材料的能带结构图

然而，根据海森堡测不准原理可知：

$$\Delta P\cdot\Delta X\geqslant\frac{\hbar}{2} \tag{1.1}$$

当位置的不确定性 ΔX 越小时，则波矢的不确定性 Δk 就越大[3]。因此，当块体硅的尺寸减小到数纳米量级时，动量的不确定性将增大，导带底与价带顶的动量可能由于动量的弥散对应同一个 k 值，从而削弱了动量守恒的限制，导致硅的辐射复合概率大幅增加，如图 1.2 所示，即量子限制效应（Quantum Confinement Effect）较为显著[4][5]。量子限制效应，又称为量子尺寸效应，即当材料的尺寸减小到一定程度，其能带和带隙都将发生显著变化，导致其光学性质也发生变化，其能带关系式为

$$E=E_g+\frac{C}{d^n}\ (C>0,\ 1<n<2) \tag{1.2}$$

式中，E_g为材料的禁带宽度。

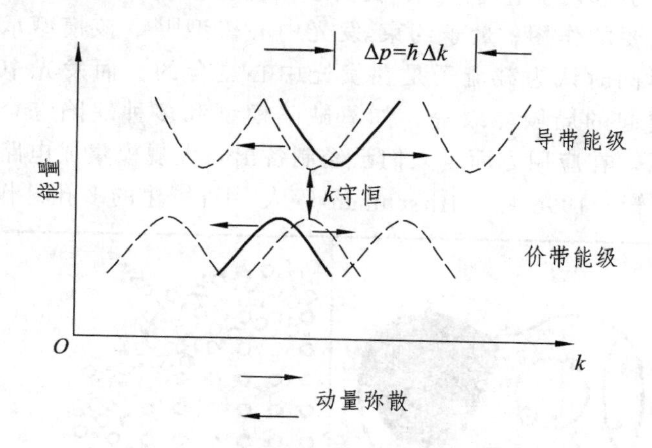

图 1.2 硅纳米晶的动量弥散图

因此，间接带隙的硅材料在常温下的发光成为可能，在过去十几年里，已经成为制备硅光源的优选材料。尽管硅基材料在制备、表征、调制等方面都取得了重大进步，但要实现高质量、高效率的硅光源还需要进一步研究。

1.2 硅纳米晶发光的研究现状及进展

硅纳米晶是纳米尺度的硅材料的统称。在本书的讨论中，硅纳米晶是指采用热蒸镀-高温热退火发生相分离制备的镶嵌在 SiO_2 或 Si_3N_4 中的纳米尺度的晶体硅。

1990 年，Canham 通过改变制备工艺在室温下观察到多孔硅可以发射强的可见光[6]，当时该荧光被认为是源于被腐蚀的多孔硅材料中，载流子受到二维的量子限制效应，带隙展宽，导致发光。后来的研究工作证实多孔硅发射的可见光是由构成多孔硅的纳米晶粒受到三维量子约束产生的结果。之后，人们对硅的发光有了新的认识，在多孔硅发光机理的基础研究及其可能的技术应用方面做了大量的工作。在发光机理方面，主要提出了量子约束效应[7][8]，认为量子点发光是由于量子约束效应引起的。量子约束-表面态模型[9]，该模型认为在发光中表面态起着重要的作用；量子约束-发光中心模型[10]，该模型承认量子约束效应，但同时认为载流子是在发光中心复合的，而发光中心可以是各种因素引起的局域能级等，如氧缺陷模型和多种缺陷综合模型，如图 1.3 所示。在应用方面，人们已经制备出与大规模集成电路相匹配的多孔硅二极管。1996 年，Hirschman 等人[11]将氧化的多孔硅作为发光器

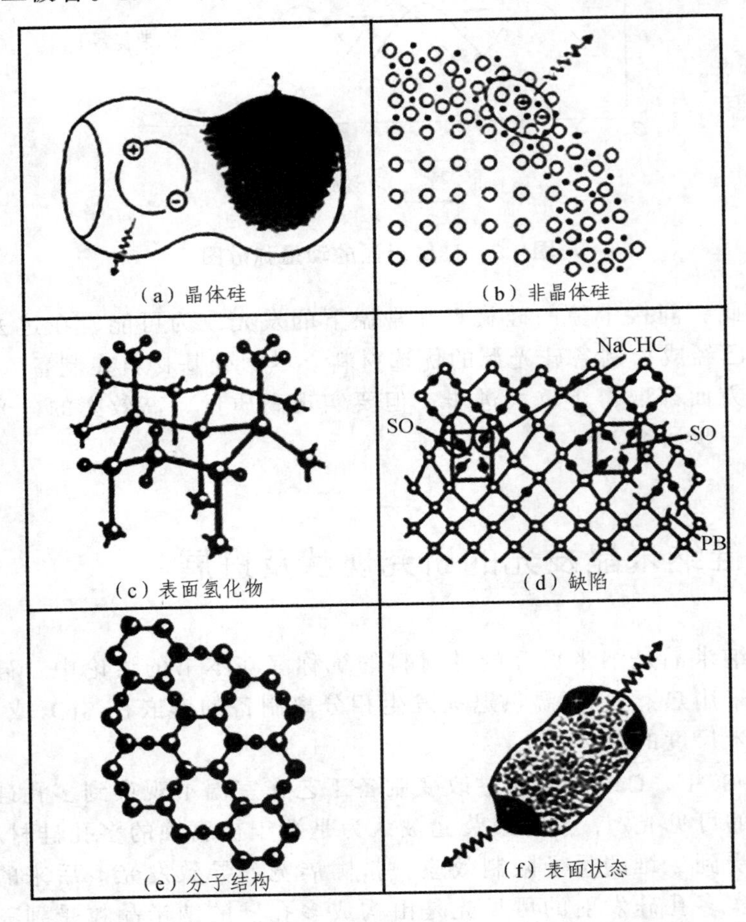

图 1.3　多孔硅的 6 个发光机理图

件和硅双极型晶体管集成在一起，初步实现了全硅基光电子集成器件的原型。但由于多孔硅的脆性和发光不稳定性以及易老化等特点阻碍了其在光电集成方面的实际应用，所以至今没有关于多孔硅光增益的报道，说明多孔硅不具有放大特性，所以不适合做激光。相对于多孔硅而言，将硅纳米晶镶嵌在 SiO_2 介质中形成的结构称为“镶嵌在 SiO_2 介质中的硅纳米晶（Si-nc）”。硅纳米晶具有发光的稳定性、结构的稳固性以及受激辐射特性，在过去的十几年里已成为制作硅光源的优选材料[12][13]。

L. Pavesi[14]等人曾在硅纳米晶中观察到受激辐射现象，这为硅激光器的研究提供了理论依据。朱江[15]等人应用可调缝宽（VSL）测量方法也研究了硅纳米晶在受激辐射下的光学增益，发现多层的 SiO/SiO_2 结构有较高的光学增益。陈永彬[16]等人利用高功率激光对硅纳米晶薄膜进行激光预退火处理来提高硅纳米晶的光致发光强度。而方应翠[17]、谢志强[18]等人通过在硅纳米晶中掺入适量的 Ce^{3+}来提高硅纳米晶的光致发光强度。已有文献报道[19][20][21]，将 Er 掺入 SiO_2 包裹的硅纳米晶中，在光激发和电注入的情况下可观察到 Er 离子有 1.5 μm 的发光。

相对于硅纳米晶的光致发光机理而言，硅纳米晶的电致发光要复杂得多，其原因在于宽带隙的包裹介质的存在。Jambois[22]等人观察到在电注入激发下的电致发光谱，并且观察到电致发光峰位波长从 1 000 nm 移动到 750 nm，并且在 830 nm 处光致发光与电致发光重合，作者认为电致发光来源于硅纳米晶的发光。L. Ding[23]等人利用离子束注入方法制备硅纳米晶薄膜，观察到 600 nm 的电致发光峰，认为是非桥氧空位缺陷发光。而其他文献通过实验证明[24]，载流子的横向注入比垂直注入电致发光强度要强 20 倍，但是横向注入下观察到的 620 nm 左右的电致发光，被认为是由热电子弛豫发光产生的。秦国刚等人[25]利用离子注入的方式制备硅纳米晶薄膜，观察到 700 nm 的电致发光峰，并认为此电致发光来源于 SiO_2 中的发光中心。林恭如课题组[26]利用等离子体增强化学气相沉积（PECVD）方法制备硅纳米晶薄膜，观察到 625 nm 和 768 nm 两个电致发光峰，并认为 625 nm 峰为硅纳米晶高能级载流子复合发光，而 768 nm 峰为硅纳米晶载流子在基态的发光。

到目前为止，人们所公认的电致发光机理主要有：① 缺陷发光，认为硅纳米晶的电致发光是由二氧化硅中的缺陷发光引起的；② 能带填充模型，认为硅纳米晶的电致发光是由注入的电子-空穴对复合发光而产生的；③ 尺寸选择模型，认为硅纳米晶的电致发光是由小尺寸的硅纳米晶作用而产生的。在本书中，我们通过制备不同结构的硅纳米晶样品来验证硅纳米晶的电致发光机理与尺寸选择模型相符，缺陷发光模型和能带填充模型不满足电致发光机理。

阻碍硅纳米晶的电致发光应用最主要的因素是其强度较低，已有文献报道通过不同的方法来提高硅纳米晶的电致发光强度。李丁[27]等人通过制备 Si/SiO 多层薄膜的方法来提高硅纳米晶的电致发光强度，样品中 Si 层起到提高硅纳米晶浓度和提供载流子传输通道的作用，更有利于载流子的传输，从而使电致发光增强。Chul Huh[28]等人利用 Si_3N_4 作为包裹层来提高载流子的传输，由于 Si_3N_4 的禁带宽度低于 SiO_2，载流子在 Si_3N_4 中更容易传输，所以可提高硅纳米晶的电致发光强度。L.Kamyab[29]等人通过改变传统的载流子注入方式，即将纵向的载流子传输转变成横向的载流子注入，从而提高了载流子的复合概率，提高了硅纳米晶的电致发光强度。本书主要采用在不同的包裹介质（SiO_2、Si_3N_4）中制备硅纳米晶样品，研究界面效应在光致发光和电致发光中的作用，利用场效应、表面等离子体等方法来提高硅纳米晶的电子-空穴复合概率，从而提高电致发光强度。

1.3 实验设备及其技术

1.3.1 主要实验设备及其技术

1. 光学多层薄膜镀膜机

在整个硅纳米晶样品的制备过程中，样品主要采用光学多层薄膜镀膜机来制备。本研究中所使用的镀膜机为北京北仪创新真空技术有限责任公司生产的型号为 DMDE-4500 的光学多层薄膜镀膜机，如图 1.4 所示。该系统主要是由真空系统、蒸发系统和检测系统三部分组成。其中，真空系统主要由前级分子泵和后级机械泵两级真空泵级联构成，

其极限真空度为 2×10^{-5} Pa。镀膜时，首先使用机械泵将真空室和前级抽到分子泵的工作环境，约 5 Pa 的低真空，然后再利用分子泵将真空室的真空度抽到高真空，约 4×10^{-4} Pa，即可开始制备硅纳米晶材料[30][31]。

图 1.4　光学多层薄膜镀膜机

蒸发系统主要有电阻加热（主要利用电能转换成热能的原理来加热材料，从而达到材料的熔点。但由于电路自身的内阻限制，所加电流不能无限增加，所以该方法主要用于制备熔点较低的材料，如 SiO、CeF_3、ITO 等）和电子束蒸发（主要利用电子束轰击靶材，使得靶材表面局部获得较高的温度，从而达到材料的熔点。该方法主要用于制备熔点较高的材料，如 Si、SiO_2、Si_3N_4 等）两种方式。电子枪的型号为 DEF-6H，加速电压为 6 000 V。

检测系统主要是对所制备的材料进行厚度监测，从而实现实时、定量地监测所制备材料的厚度。监测系统的核心部件是晶体振荡器，该部件的精度较高，最小分辨率可达到 1 Å。

2. 单层及多层薄膜的制备

（1）低熔点薄膜的制备：将所需制备的材料放入自制的钼舟中，然后通过调节偏压来调节通过钼舟的电流，从而达到制备材料的熔点使其融化，最后蒸镀到衬底材料上。

（2）高熔点材料的制备：将所需制备的材料放入特制的坩埚中，然后通过调节电子枪的束流来改变电子枪光斑的能量大小，该能量使所制备的材料融化，从而蒸镀到衬底材料上。

3. 高温退火炉

利用光学多层薄膜镀膜机制备的样品中无硅纳米晶存在，需通过高温退火相分离之后才能形成硅纳米晶。本研究中所使用的高温退火炉为管式高温退火炉，如图 1.5 所示。该退火炉的温度调节范围为 20～1 200 °C，恒温区范围约为 10 cm。

图 1.5　管式高温退火炉

4. 高温退火相分离方法

将制备好的薄膜从镀膜机中取出，放入管式高温退火炉内进行退火，其退火温度为 1 100 °C，退火时间为 1 h，在退火的同时通入 N_2 作为保护气体，其流量为 220 sccm（1 sccm=1 mL/min）。在退火过程中发生如下相分离过程：

$$SiO_x \xrightarrow{1100\,^\circ C} \frac{2-x}{2}Si + \frac{x}{2}SiO_2 \tag{1.3}$$

待温度降到 550 °C 后拉到退火炉管口冷却，最终得到纳米尺度的晶态型的硅。

5. 荧光分光光度计

本研究中主要使用荧光分光光度计（日立公司型号为 F-4500 的荧光分光光度计）来测量硅纳米晶的发光强度，如图 1.6 所示。该光谱仪主要由光源（功率为 450 W 的氙灯）、单色器、信号探测器等部件组成。由于在测试过程中用氙灯作为光源，根据氙灯的广谱特性，该光谱仪可以使用波长在 200 ~ 900 nm 的光谱对测试样品进行激发。

图 1.6　荧光分光光度计

6. 金属电极制备设备

对于硅纳米晶电致发光谱的测量，需要制备金属电极。本研究中所使用的制备金属电极的仪器由北京铁仪机械设备厂生产，如图 1.7 所示。该系统主要由真空系统和蒸发系统两部分组成。其中，真空系统由前级扩散泵和后级机械泵组成，其真空极限度为 4×10^{-4} Pa。当腔体内的真空度达到 2×10^{-3} Pa 时，即可进行金属电极的制备。

图 1.7　金属电极制备镀膜机

7. 金属电极的制备

本研究主要采用 p-Si 作为衬底材料，该衬底为单面抛光，在抛光面蒸镀硅纳米晶，在 p-Si 的非抛光面利用电阻加热的方法蒸镀 Al 电极作为正电极，Al 电极的厚度约为微米量级，蒸镀好后在退火炉中进行快速退火，使其形成良好的欧姆接触。在硅纳米晶的表面制备一个回形的 Al 电极作为负电极，蒸镀好后在退火炉中进行热退火，使其形成良好的接触，其回形区域内圈作为硅纳米晶的发光区域。

8. 高速离心机

在自然沉积过程中，硅量子点只能形成疏松的堆积结构，很难实现密堆积，这对研究硅量子点的发光带来了一定的弊端。因此，本研究采用高速离心沉积的方法来制备密堆积的硅量子点，所使用的设备如图 1.8 所示。该仪器的工作原理是在溶液挥发的同时，利用高速离心的辅助作用，使量子点处于 500g 以上的超重状态之下，量子点的堆积即可形成致密的结构[32]。

图 1.8 高速离心机

1.3.2 光学特性及其结构特性表征技术

1. 光致发光谱（Photoluminescence，PL）

能量较高（激发光波长为 300 nm）的光束照射到硅纳米晶薄膜上，激发薄膜内的硅纳米晶颗粒，使之形成电子空穴对，其中导带内的电子弛豫到能量较低的能态，与价带顶的空穴复合，从而发光。通过测量硅纳米晶的光致发光，可知其发光峰位、强度、尺寸大小等信息。

2. 拉曼光谱（Raman）

拉曼光谱是一种散射光谱，对与入射光频率不同的散射光谱进行分析，可得到分子振动、转动方面的信息。它是一种应用于分子结构研究的分析方法。其基本原理是根据拉曼散射效应，通过测量特征频率、频率位移、谱峰强度的变化获得分子构型的相关信息。

3. X-射线衍射（X-ray Diffraction，XRD）

X-射线衍射是一种分析晶体结构的方法，其基本原理利用的是布拉格衍射：

$$n\lambda = 2d\sin\theta$$

通过 XRD 的测试可获得如晶格常数、原子排列等表征晶体结构的参数。根据谢乐公式：

$$D = 0.9\lambda / (\beta\cos\theta)$$

可得出样品的具体尺寸。式中参数的含义分别为：0.9 为形状因子（Shape Factor），λ为波长，β为角度半宽（单位为弧度），θ为衍射角。此方程适用于尺寸小于 100 nm 的晶粒。

4. 电致发光谱（Electroluminescence，EL）

在外加电场的作用下，电子-空穴对复合，从而发出光子。通过测量硅纳米晶的电致发光，可知其发光峰位、强度等信息。

5. 透射电子显微镜谱（Transmission Electron Spectroscopy，TEM）

透射电子显微镜谱是一种可以达到原子级别的结构分析方法。其基本原理是利用不同原子对高能电子束的散射不同，即电子束在穿透不同原子时的透射率不同来分辨薄膜中的晶格结构。由于需要测量电子束的透射率，所以样品本身需要通过制样获得厚度非常薄的薄层，然后利用电子束扫描测量不同区域样品透射率的区别。一般情况下，样品的密度、厚度、原子序数、晶体结构、晶体取向会影响原子对电子束的散射，从而最终形成不同明暗的图像，实现样品内部结构的表征。同时，可利用原子格点产生的干涉，更进一步观测原子级别的细微结构[33]。透射电子显微镜如图 1.9 所示。

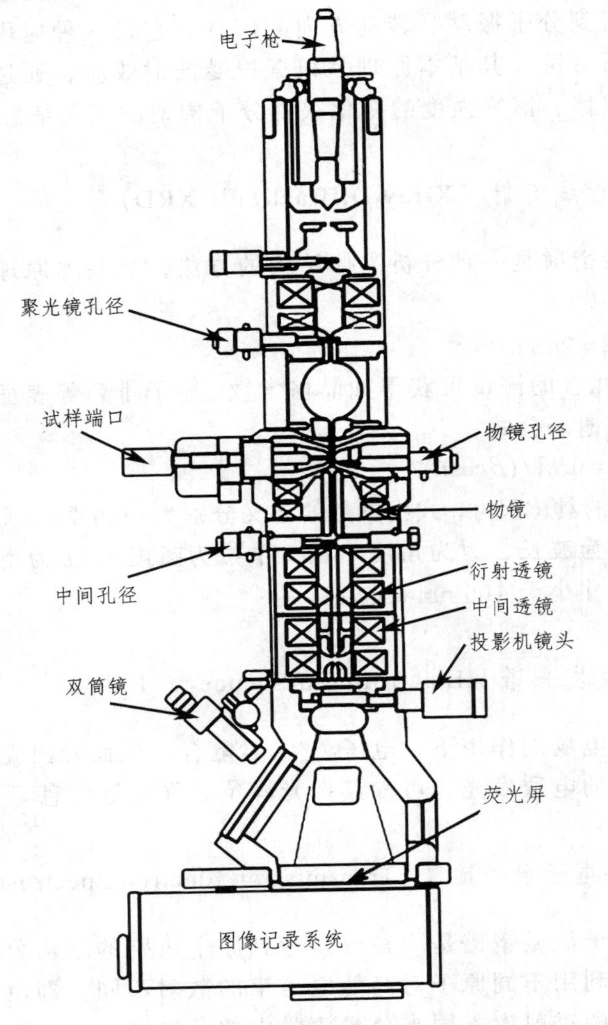

图 1.9　透射电子显微镜

透射电子显微镜谱分为普通 TEM 和高分辨率的 HRTEM 两种。普通 TEM 根据阻挡或吸收效应测量，所以原子量较大的部分呈现暗色，反之呈现亮色。高分辨率的 HRTEM 利用原子格点的衍射，在晶体处观测到明暗相间的衍射条纹。射线谱（EDX）是透射电子显微镜中的一种高分辨率的组分分析方法，其基本原理是电子束激发样品表面的原子形成激子对，位于费米能级的电子与基态空穴复合的同时产生电磁辐射，通常为X射线，通过X射线探头探测可以获得这些辐射，从而鉴别样品表面的元素成分。

通过透射电子显微镜谱的测量，可得到硅纳米晶的尺寸大小、分布情况及其结晶情况，同时通过能量分布X-射线谱（EDX）的测量，可得到硅纳米晶薄膜中的元素组分，以及硅氧含量的比例等信息。

6. 扫描电子显微镜谱（Scanning Electron Spectroscopy，SEM）

扫描电子显微镜结构如图1.10所示。其工作原理是利用细聚焦的电子束轰击样品表面，通过电子与样品相互作用产生的二次电子、背散射电子等对样品表面或断口形貌进行观察和分析，因此该方法主要应用于表面结构的观测。通过扫描电子显微镜谱的测量，可得出硅量子点的密堆积情况和硅量子点的大小[34]。

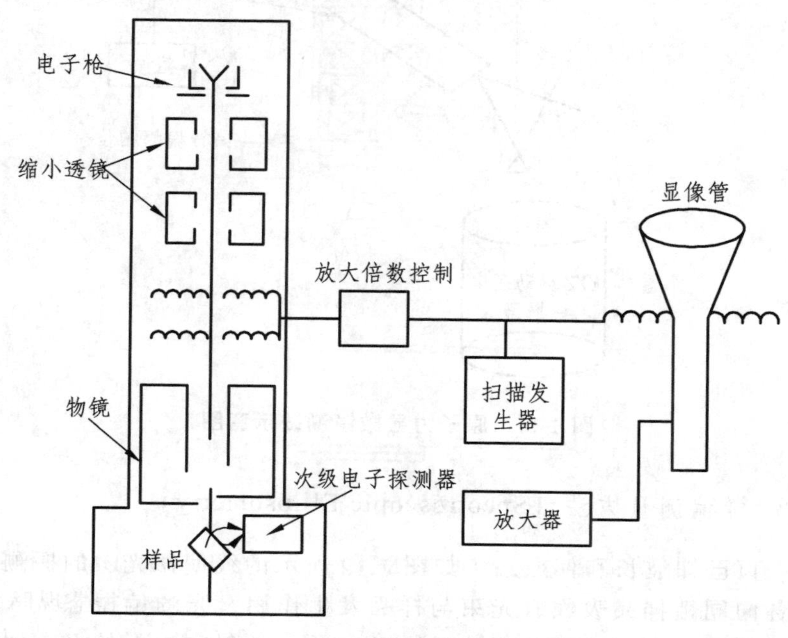

图 1.10　扫描电子显微镜原理图

7. 原子力显微镜谱（Atomic Force Microscopy，AFM）

原子力显微镜是一种在大气、液体、真空等各种环境中都能达到原子级分辨率的表面形貌分析方法，其结构示意如图 1.11 所示。其基本原理利用的是原子之间固有的范德瓦尔斯力（Van der Waals）或者针尖固有振动频率的变化来实现的。在测试过程中通过测量原子力的变化来获得表面形貌。原子力变化由悬臂反射激光斑的位置确定，而该位置变化由位置灵敏光子探测器(Position Sensitive Photon Detector，PSPD）测得。反馈信号可以是原子力，也可以是针尖共振信号（相位或幅度变化）。通过原子力显微镜谱的测量，同样可获得硅量子点的密堆积情况和硅量子点的大小。

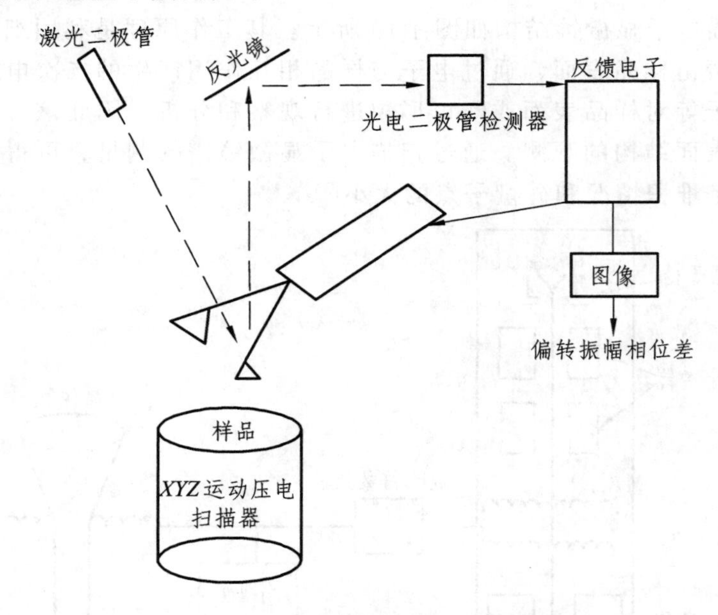

图 1.11　原子力显微镜测试示意图

8. 椭偏测量方法（Spectroscopic Ellipsometry）

一束已知波长和偏振态（如图 1.12 所示的线偏振光）的探测光入射到各向同性样品表面，光束与样品发生作用，光的偏振态从入射时的线偏振态转变为出射时的椭圆偏振态[35]。入射和出射偏振态的变化取决于入射角、被测样品的折射率，以及物理厚度等与样品光学、物理性质相关的参量。

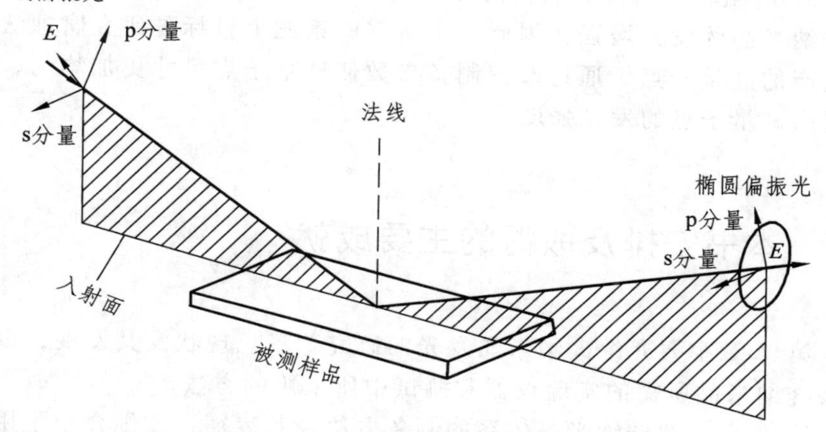

图 1.12 椭偏参数测量原理示意图

直接测量得到的是 p 光与 s 光振幅反射率的比值：

$$\rho = R_p / R_s = \tan\psi e^{i\Delta} \quad (1.4)$$

式中，R_p 和 R_s 分别为 p 光和 s 光的电场矢量反射系数，由于它们是复数，所以反射系数的比值有实部与虚部，转换成角度后分别用 ψ 和 Δ 表示，称之为椭偏参数。然后再通过拟合计算可以得出薄膜的主要光学参数。

1.4 本研究的工作目标

本研究的第一个目标是通过比较不同样品之间的发光峰位、串联电阻和开启电压等得出硅纳米晶的电致发光机理与小尺寸的硅纳米晶有关；在不同的基体中（Si_3N_4、SiO_2）制备硅纳米晶样品，得到不同的界面态和界面势垒，研究界面效应在硅纳米晶发光中所起的作用。本研究的第二个目标是将场效应和局域表面等离子体应用于含硅纳米晶的发光二极管中，提高器件中载流子的传输速度，从而提高电子-空穴的复合效率，使硅纳米晶的电致发光强度提高一个数量级。由于利用蒸镀-高温相分离方法制备的硅纳米晶的浓度低，排列无规则，不利于硅纳米晶的发光增强，因此，本研究的第三个目标是研究腐蚀法制备量产的硅量子点，通过改变制备参数使硅量子点尺寸更加均匀，从而提高硅量子点的发光强度。

1.5 本书安排及取得的主要成就

第 1 章主要介绍硅纳米晶发光的研究背景、现状及其发展，以及制备硅纳米晶所需的实验仪器和测试中所采用的方法。

第 2 章介绍硅纳米晶体系的制备方法及其表征，详细介绍了用蒸镀-相分离方法制备硅纳米晶体系的过程，比较不同样品的发光峰位、串联电阻和开启电压等参数来验证硅纳米晶电致发光的机理，从而为提高硅纳米晶电致发光的强度提供理论依据。

第 3 章通过制备 Si-nc/SiO_2、Si-nc/Si_3N_4 两种不同的样品引入不同的界面态、界面势垒高度和宽度，测量在不同激发光波长和外加偏压下的光致发光和电致发光强度，得出界面效应在硅纳米晶发光中的作用。

第 4 章基于硅纳米晶电致发光机理，应用场效应提高硅纳米晶的电致发光强度，将 i-Si 和 Al_2O_3 加入发光二极管中，有源层与 i-Si、p-Si 与 Al_2O_3 之间存在界面电场，该电场有利于硅纳米晶电致发光的增强。加入场效应后，电致发光强度可提高一个数量级。

第 5 章介绍了一种制备 Ag 表面等离子体的新方法，然后对其进行表征，将 Ag 纳米颗粒加入硅纳米晶和 SiO_2 薄膜中，其光致发光和电致发光都得到增强，得出电致的表面等离子体可提高电致发光强度。

第 6 章介绍了提高硅纳米晶电致发光强度，首先要有浓度较高的密排的硅纳米晶，采用化学腐蚀的方法可制备量产的硅量子点，通过调节制备参数得到不同尺寸的 Si-QD，利用高速离心的方法来提高 Si-QD 排布的均匀性。

第 7 章研究硅纳米晶的光学增益，为制备硅激光器打下一定的理论基础，研究 H 钝化和 Ce^{3+}掺杂如何提高硅纳米晶的光学增益，得出当脉冲功率密度为 0.04 W/cm^2 时，无增益存在，随着功率密度从 0.04 W/cm^2 增加到 0.3 W/cm^2 时，可得到较高的增益。

第 8 章对全书进行总结，并对硅纳米晶未来的应用进行了展望。

参考文献

[1] RONG H S, JONES R, LIU A S. A continuous-wave Raman silicon laser[J]. Nature, 2005, 433: 725-728.

[2] YI L X, HEITMANN J, SCHOLZ R, et al. Si rings, Si clusters, and Si nanocrystals — different states of ultrathin SiOx layers[J]. Applied Physics Letters, 2002, 81: 4248-4250.

[3] LIN G R, LIN Y H, PAI Y H, et al. Si nanorod length dependent surface Raman scattering linewidth broadening and peak shift[J]. Optics Express, 2011, 19:597-605.

[4] 朱静. 纳米材料和器件[M]. 北京：清华大学出版社，2003：247-254.

[5] IYER S S, XIE Y H. Light emission from silicon[J]. Science, 1993, 260: 40-46.

[6] CANHAM L T. Silicon quantum wire array fabrication by electrochemical and chemical dissolution of wafers [J]. Applied physics letters, 1990, 57: 1046-1048.

[7] 方应翠. 镶嵌在 SiO_2 介质中的纳米晶 Si 的制备及其光致发光特性研究[D]. 上海：复旦大学，2005.

[8] WU C L, LIN G R. Gain and Emission Cross Section Analysis of Wavelength-Tunable Si-nc Incorporated Si-Rich Waveguide Amplifier[J]. IEEE journal of quantum electronics, 2011, 47: 1230-1237.

[9] KALFF M, COMSA G, MICHELY T. Temperature dependent morphological evolution of Pt(111) by ion erosion: destabilization, phase coexistence and coarsening [J]. Surface Science, 2001, 486(1-2): 103-135.

[10] ZHAO X, KOMURO S, ISSHIKI H, et al. Fabrication and stimulated

emission of Er-doped nanocrystalline Si waveguides formed on Si substrates by laser ablation[J]. Applied Physics Letters, 1999, 74: 120-122.

[11] HIRSCHMAN K D, TSYBESKOV L, DUTTAGUPTA S P. Silicon-based visible light-emitting devices integrated into microelectronic circuits[J]. Nature, 1996, 384: 338-341.

[12] WANG D C, CHEN J R, LI Y L, et al. Enhancing optical gains in Si nanocrystals via hydrogenation and cerium ion doping[J]. Journal of applied physics, 2014, 116: 043512.

[13] ZHU J, WU X, ZHANG M, et al. Photoluminescence responses of Si nanocrystal to differing pumping conditions[J]. Journal of applied physics, 2011, 110: 440.

[14] PAVESI L, NEGRO L D, MAZZOLENI C, et al. Optical gain in silicon nanocrystals[J]. Optical Materials, 2001, 17: 41-44.

[15] ZHU J, WU X, ZHANG M, et al. Photoluminescence responses of Si nanocrystal to differing pumping conditions[J]. Journal of applied physics, 2011, 110: 440.

[16] CHEN Y B, REN R, XIONG R L. Modulation of the photoluminescence of Si quantum dots by means of CO_2 laser pre-annealing[J]. Applied Surface Science, 2010, 256: 5116-5119.

[17] FANG Y C, XIE Z Q, et al. The effects of CeF_3 doping on the photoluminescence of Si nanocrystals embedded in a SiO_2 matrix[J]. Nanotechnology, 2005, 16: 769-774.

[18] XIE Z Q, CHEN D, LI Z H, et al. A combined approach to largely enhancing the photoluminescence of Si nanocrystals embedded in SiO_2[J]. Nanotechnology, 2007, 18: 115716.

[19] MAKIMURA T, KONDO K, UEMATSU H, et al. Optical excitation of Er ions with 1.5 μm luminescence via the luminescent state in Si nanocrystallites embedded in SiO_2 matrixes[J]. Applied physics letters, 2003, 83: 5422-5424.

[20] YERCI S, LI R, NEGRO D. Electroluminescence from Er-doped Si-rich silicon nitride light emitting diodes[J]. Applied physics

letters, 2010, 97: 081109.

[21] RAN G Z, et al. Room-temperature 1.54 μm electroluminescence from Er-doped silicon-rich silicon oxide films deposited on N-Si substrates by magnetron sputtering[J]. Journal of applied physics, 2001, 90: 5835-5837.

[22] JAMBOIS O, RINNERT H, DEVAUX X, et al. Photoluminescence and electroluminescence of size-controlled silicon nanocrystallites embedded in SiO_2 thin films[J]. Journal of applied physics, 2005, 98: 3157.

[23] DING L, CHEN T P, LIU Y, et al. The influence of the implantation dose and energy on the electroluminescence of Si+ implanted amorphous SiO_2 thin films[J]. Nanotechnology, 2007, 18: 455306.

[24] DING L, YU M B, TU X, et al. Laterally-current-injected light-emitting diodes based on nanocrystalline-Si/SiO_2 superlattice[J]. Optics express, 2011, 19: 2729-38.

[25] QIN G G, WANG Y Q, QIAO Y P, et al. Synchronized swinging of electroluminescence intensity and peak wavelength with Si layer thickness in Au/SiO_2/nanometer Si/SiO_2/P-Si structures[J]. Applied physics letters, 1999, 74: 2182-2184.

[26] LIN G R, LIN C J, LIN C K, et al. Oxygen defect and Si nanocrystal dependent white-light and near-infrared electroluminescence of Si-implanted and plasma-enhanced chemical-vapor deposition-grown Si-rich SiO_2[J]. Journal of applied physics, 2005, 97: 1806-90.

[27] LI D, CHEN Y B, REN Y, et al. A multilayered approach of Si/SiO to promote carrier transport in electroluminescence of Si nanocrystals[J]. Nanoscale Research Letters, 2012, 7: 200.

[28] HUH C, KIM B K, PARK B J, et al. Enhancement in electron transport and light emission efficiency of a Si nanocrystal light-emitting diode by a SiCN/SiC superlattice structure[J]. Nanoscale Research Letters, 2013, 8: 14.

[29] KAMYAB L, RUSLI, YU M B, et al. Electroluminescence from amorphous-SiNx: H/SiO_2 multilayers using lateral carrier injection[J].

Applied Physics Letters, 2011, 98: 909-90.

[30] HAO H C, SHI W, CHER J R, et al. Mass production of Si quantum dots for commercial c-Si solar cell efficiency improvement[J]. Materials Letters, 2014, 133: 80-82.

[31] HIRSCHMAN K D, TSYBEKOV L, DUTTAGUPTA S P, et.al. Silicon-based visible light-emitting devices integrated into microelectronic circuits[J]. Nature, 1996, 384: 338-341.

[32] FANG Y C, XIE Z Q, et al. The effects of CeF_3 doping on the photoluminescence of Si nanocrystals embedded in a SiO_2 matrix[J]. Nanotechnology, 2005, 16: 769-774.

[33] WU C L, LIN G R. Gain and Emission Cross Section Analysis of Wavelength-Tunable Si-nc Incorporated Si-Rich Waveguide Amplifier[J]. IEEE journal of quantum electronics, 2011, 47: 1230-1237.

[34] PAVESI L, NEGRO L D, MAZZOLEN I C, et al. Optical gain in silicon nanocrystals[J]. Nature, 2000, 17: 41-44.

[35] ZHAO X, KOMURO S, ISSHIKI H, et al. Fabrication and stimulated emission of Er-doped nanocrystalline Si waveguides formed on Si substrates by laser ablation[J]. Applied Physics Letters, 1999, 74: 120-122.

2 硅纳米晶的制备及其电致发光机理研究

2.1 硅纳米晶的制备

2.1.1 常用的制备方法

硅纳米晶的制备方法，最典型的有以下几种：

（1）化学气相沉积法（CVD）[1][2]：通过提供能量使反应物在气态条件下发生化学反应，使所要制备的物质沉积到衬底材料上。如将 N_2O 和 SiH_4 按一定的比例同时通入反应室内，通过辉光放电使其发生化学反应生成氧化硅薄膜，最后通过高温退火使其相分离形成硅纳米晶。该方法能大规模制备硅纳米晶，但其设备比较昂贵。

（2）团簇沉积法：先制备出 Si 团簇，然后引导团簇使其沉积在基体上。Takagi[3][4]采用此方法制备了硅纳米晶，即首先通过化学气相沉积法制备气相 Si 团簇或硅纳米晶，然后利用喷管将其吹进沉积室，沉积到基体上。此方法的优点是可以制备尺寸较为均匀的硅量子点，但工艺复杂和苛刻，因此限制了它的发展。

（3）电化学腐蚀法[5][6]：将块体硅浸泡在一定浓度的氢氟酸溶液中，然后经过阳极氧化处理后形成多孔硅，当多孔硅孔的比例达到 70%~80%时，便能形成硅纳米晶。

（4）脉冲激光烧蚀（PLA）法[7][8][9]：利用激光对靶材进行轰击，

然后将轰击出来的物质沉积在衬底材料上，最后通过高温热退火形成硅纳米晶。该方法沉积速率高，制备的薄膜均匀。

（5）离子束注入法[10][11]：首先在硅片上通过自然氧化形成 SiO_2 或者直接使用石英衬底，然后将硅离子注入 SiO_2 中，最后通过高温退火形成硅纳米晶。

（6）反应蒸发法[12]：将 SiO 粉末加热蒸发，SiO_2、非晶硅等通过电子束方法蒸发到衬底材料上，然后在氮气氛围中进行 1 100 °C 高温热退火，使 SiO 相分离形成硅纳米晶或者非晶 Si 层形成硅纳米晶。该方法制备的硅纳米晶产量低，但要求比较简单。

本书将采用反应蒸发方法来制备所需的硅纳米晶。

2.1.2 反应蒸发方法制备硅纳米晶

以下均在厚度为 0.5 mm、晶向为<1 0 0>的 p-Si 衬底上制备硅纳米晶薄膜。

1. 硅衬底的清洗

（1）将硅片用金刚刀切割成 1 cm×1 cm 的小块作为衬底。

（2）将切好的硅片放入小烧杯内，先后倒入过氧化氢（H_2O_2）与浓硫酸（H_2SO_4）各 50 mL，其中 H_2O_2 浓度为 30%，H_2SO_4 浓度为 98%。然后将烧杯放在电炉上沸煮 30 min。

（3）结束后让其冷却至室温，将烧杯中的废液倒入废液瓶中，用去离子水冲洗硅片表面，其目的是洗净表面残留的酸。

（4）将冲洗好的硅片取出放入超声皿中，倒入丙酮，丙酮浸没硅片即可，超声 15 min，其目的是进一步腐蚀硅片表面的保护膜。

（5）超声完毕后，将丙酮倒入废液瓶中，加入乙醇，乙醇浸没硅片即可，超声 15 min，洗净硅片表面残留的丙酮。

对于光致发光样品的清洗，这步结束后即可取出待用。而对于电致发光样品的清洗，还需进行下面的操作：

（6）将乙醇超声好的硅片取出，放入抗氢氟酸（HF）腐蚀的塑料杯中，加入氢氟酸（浓度为 10%），浸泡 2 min，去除表面的氧化层。

（7）最后将硅片取出放入乙醇中，再超声 5 min，洗净残留的氢氟酸，待用。

在本研究的实验中使用了多种结构的样品，这里将一一进行介绍[13][14][15]。其制备方法如下：

① 单层 SiO 薄膜的制备：采用电阻加热的方法进行制备。将纯度为 99.99%的 SiO 粉末放入自制的钼舟中，并将钼舟放入真空镀膜机腔内的电阻加热电极上，当腔内气压达到 5×10^{-4} Pa 时，对 SiO 粉末进行预加热，其目的是将粉末内的气体蒸发掉。除气完成后，待腔内气压降到 5×10^{-4} Pa 左右时，即可开始制备 SiO 薄膜。在制备过程中，打开样品台旋转（其目的是使制备的薄膜具有良好的均匀性）和晶振（其目的是实时监测薄膜的厚度），同时，为了制备均匀致密的 SiO 薄膜，在制备过程中，其蒸镀速率为 0.6 ~ 0.8 Å/s。

② SiO/Si 多层薄膜的制备：Si 的熔点为 1 650 °C，因此需采用电子束加热的方法制备。将纯度为 99.99%的 SiO 粉末和纯度为 99.99%的 Si 锭分别放入钼舟和钼坩埚中，当气压为 5×10^{-4} Pa 时，分别对 SiO 粉末和 Si 锭进行预处理。预处理完成后，待真空室内的真空度降为 5×10^{-4} Pa 时，即可进行 SiO/Si 多层薄膜的制备。SiO 的蒸发速率为 0.6 ~ 0.8 Å/s，Si 的蒸发速率为 0.2 Å/s。

③ Si/Si_3N_4 多层薄膜的制备：Si_3N_4 的熔点为 1 850 °C，采用电子束加热的方法制备。将纯度都为 99.99%的 Si 锭和 Si_3N_4 颗粒分别放入钼坩埚中。在 Si/Si_3N_4 多层薄膜的制备过程中，同时利用电子束制备 Si 和 Si_3N_4。即利用电子枪对 Si 薄膜制备好之后，将电子枪的束流减小，待 Si 表面的温度降低之后，旋转样品台，加大电子枪的束流，然后对 Si_3N_4 进行蒸镀。同样待 Si_3N_4 表面的温度降低之后，旋转样品台，交替生长 Si_3N_4 和 Si。在蒸发过程中，Si_3N_4 的蒸发速率为 0.8 Å/s，Si 的蒸发速率为 0.2 Å/s。

④ Si 和 SiO 的混合蒸镀：待真空室内气压为 5×10^{-4} Pa 时，同时将电阻加热和电子束蒸镀的电流加到相应的电流值，Si 和 SiO 同时被蒸镀到衬底上，使所制备的薄膜中既有 Si 也有 SiO。在制备过程中，通过调节电流的大小来控制蒸镀速率的快慢，从而调节所制备的薄膜中 Si 和 SiO 的比例。

2. 高温热退火

硅纳米晶的形成须经过高温热退火，将蒸镀好的 SiO 或 Si 样品取出，放入管式石英管退火炉中进行高温热退火，其退火温度为 1 100 °C，退火时间为 1 h，在退火过程中通入氮气作为保护气体，其流量为 220 sccm（1 sccm=1 mL/min）。退火结束后，待退火炉温度降到 550 °C 时，将样品拉到管口冷却至室温。在退火过程中，SiO_x 形成 SiO_2 和 Si-nc，非晶 Si 层形成部分结晶态的 Si，其反应式为[16][17]

$$SiO_x \xrightarrow{1100\,^\circ C} SiO_2 + Si(\text{晶体颗粒}) \tag{2.1}$$

$$Si(\text{不定型}) \xrightarrow{1100\,^\circ C} Si(\text{部分结晶型}) \tag{2.2}$$

2.2 硅纳米晶的结构特性和光学特性的表征

2.2.1 光致发光谱（PL）

表征硅纳米晶存在的最基本的方法是光致发光谱（PL）。图 2.1 所示为测量光致发光谱的光谱仪结构示意图。

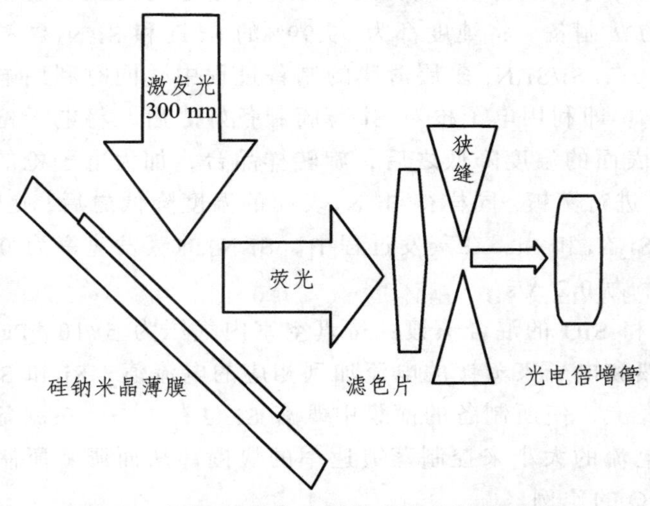

图 2.1 测量光致发光谱的光谱仪结构示意图

如前所述，本书采用日立公司生产的型号为 F-4500 的荧光光谱仪对硅纳米晶的光致发光进行测量。激发光源为氙灯，激发光波长为 300 nm。图 2.2 所示为 SiO/Si 多层结构薄膜退火之后的光致发光谱，其发光峰有两个：一个约在 740 nm 处，另一个约在 830 nm 处。已有文献报道[18][19][20]，740 nm 的发光峰是由非晶硅发光引起的，也有人认为是缺陷发光引起的，而 830 nm 的发光峰则被认为是硅纳米晶的发光。

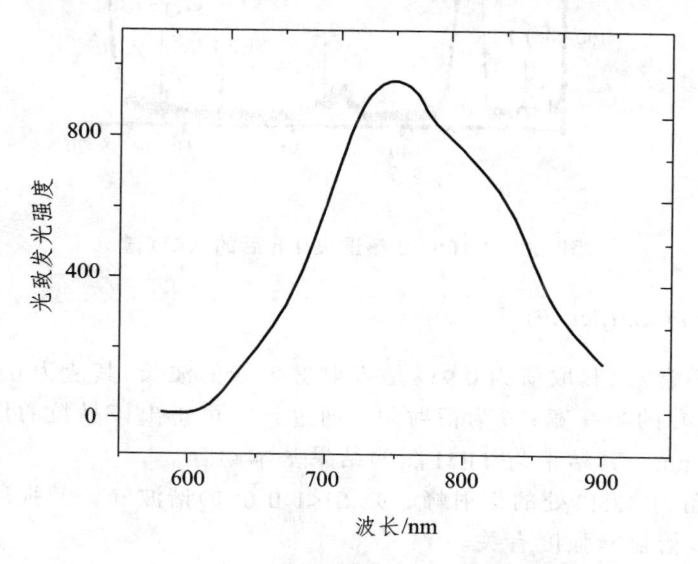

图 2.2　SiO/Si 多层薄膜退火后的光致发光谱

2.2.2　1 100 °C 热退火后薄膜的 XRD 谱

图 2.3 所示为单层 SiO 薄膜经 1 100 °C 热退火 1 h 后的 XRD 谱，其测试仪器为 D/max-γB，基体是 Si<1 0 0>面，衍射峰 2θ 角为 69.3°，因强度太强，测试时没有给出此峰。图中 2θ 角分别为 28.3°、47.1°、56.1° 和 61.6°，其衍射峰分别对应于 Si<1 1 1>、Si<2 2 0>、Si<3 1 1> 和 Si<3 2 0>面，Si<1 1 0>面的强度最强[21][22]。

根据谢乐（Scherrer）公式可以计算出该薄膜中硅纳米晶的大小：

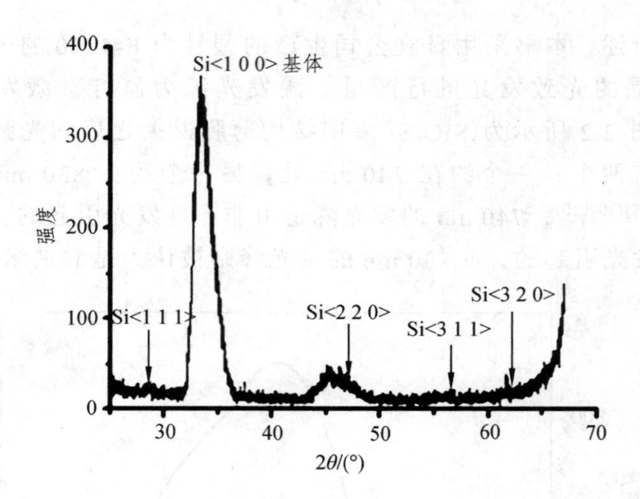

图 2.3　1 100 °C 热退火 1 h 后的 XRD 谱

$$d=\kappa\lambda/(\beta\cos\theta) \tag{2.3}$$

式中，κ 为常数，其取值为 0.9；λ 是入射 X 射线的波长，其值为 0.154 nm；β 为衍射峰的半高宽；θ 为衍射角。通过计算可得出该晶粒的尺寸大小约为 3.5 nm，其结果与 TEM 图的结果基本吻合。

2θ 角为 33.1° 处的衍射峰，是 Si<1 0 0>的谐波峰，其强度与基体 Si<1 0 0>衍射峰强度有关。

2.2.3　拉曼光谱

拉曼光谱是表征薄膜中是否形成硅纳米晶的方法之一。晶体硅的拉曼光谱峰值波数为 520.5 cm^{-1}，对应着横向光学声子模。而无定形硅则对应于 150 cm^{-1}、480cm^{-1} 两个峰值，硅纳米晶则介于两者之间。图 2.4、图 2.5 所示为 100 nm 单层 SiO 样品退火前后的拉曼光谱。

从图 2.4、图 2.5 中可以看出，退火前，没有无定形硅与硅纳米晶的特征峰存在，图中主峰 520 cm^{-1} 为硅衬底的。经过 1 100 °C 退火之后，出现了 490 cm^{-1} 和 510 cm^{-1} 两个硅纳米晶的特征峰[23][24]。

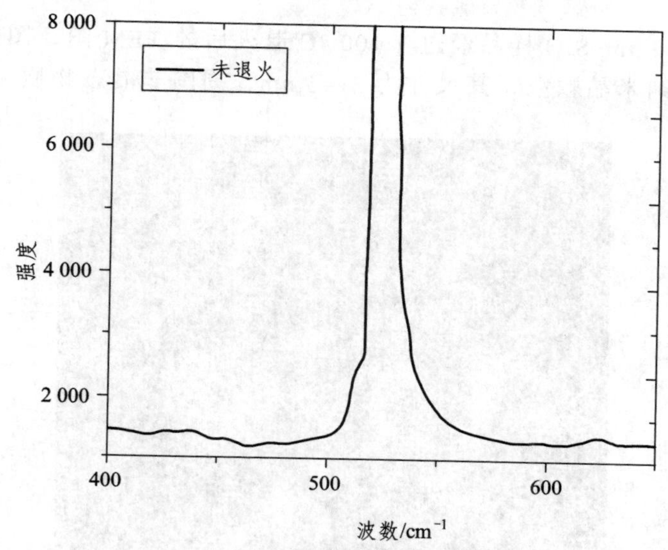

图 2.4 未退火样品的拉曼光谱

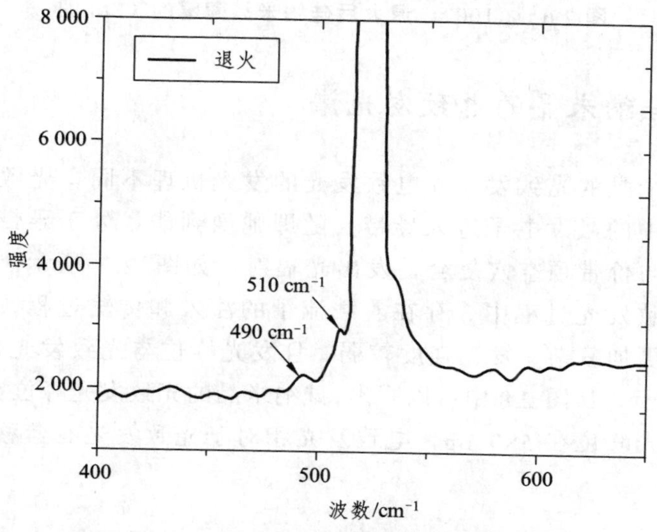

图 2.5 1 100 °C 退火后样品的拉曼光谱

2.2.4 透射电子显微镜谱（TEM）

透射电子显微镜谱（TEM）能直观地表明硅纳米晶的存在。图 2.6

所示为 100 nm SiO 样品经过 1 100 °C 退火后的 TEM 图，图中圆圈出来的是硅纳米晶颗粒，其尺寸为 3～5 nm，周围非晶态物质为 SiO_2。

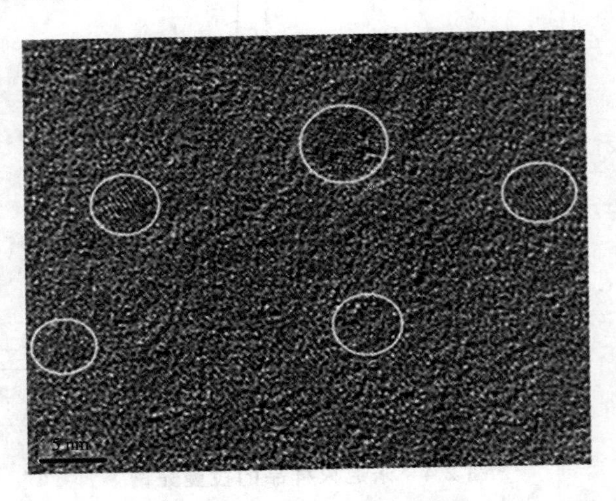

图 2.6　1 100 °C 退火后硅纳米晶薄膜的 TEM 图

2.2.5　硅纳米晶的电致发光谱

硅纳米晶的光致发光和电致发光的发光机理不同，光致发光是由硅纳米晶中的激发电子进入导带，随即弛豫到能量处于导带底附近的界面态，与价带顶空穴复合，发出光辐射，如图 2.7 所示。而在硅纳米晶的电致发光过程中，存在着载流子的注入和传输过程，所以电致发光机理更加复杂，发光强度较弱，且发光峰位与光致发光也不相同，如图 2.8 所示。从图 2.8 中可以看出，硅纳米晶的光致发光峰位在 730 nm，而电致发光峰位在 580 nm，电致发光相对于光致发光有蓝移[25]。

2.3　硅纳米晶的电致发光机理研究

硅纳米晶的电致发光机理，主要包括缺陷发光、能带填充和尺寸选择模型等。至于哪一种发光机制的可靠性更强，还需要进一步研究。

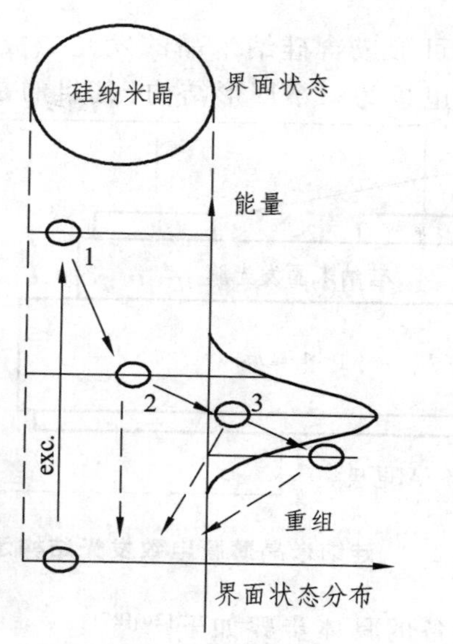

图 2.7　硅纳米晶的光致发光机理图

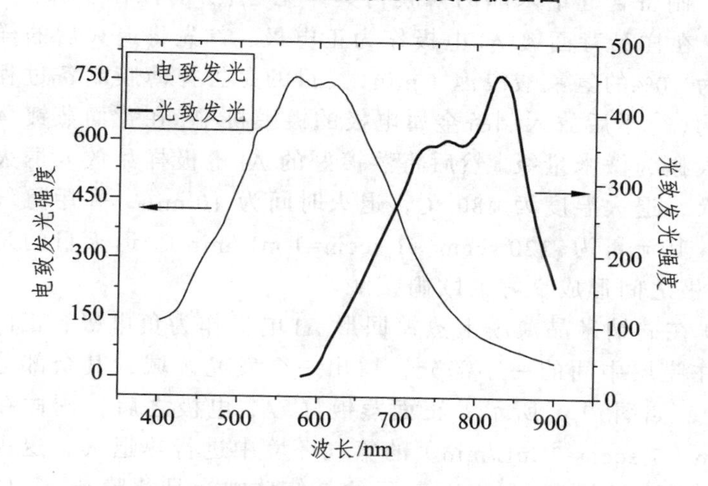

图 2.8　硅纳米晶的光致发光和电致发光谱

2.3.1　硅纳米晶的电致发光器件制备

将制备好的 SiO 单层膜，多层薄膜 SiO/SiO_2、SiO/Si 或者是 Si/SiO_2 高温热退火形成硅纳米晶后，在其背面与正面蒸镀微米量级的 Al 电极作为正负电极，即可形成含硅纳米晶的发光二极管，其结构如图 2.9 所示。图中正面 Al 电极为一个回形结构，其目的是形成一个发光区域。

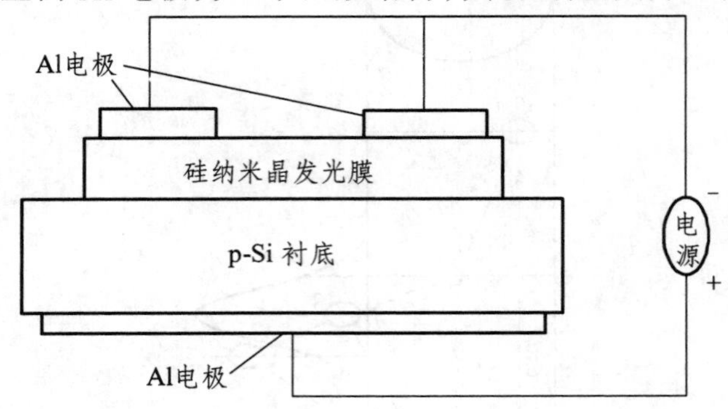

图 2.9　硅纳米晶薄膜电致发光结构示意图

发光二极管制备的具体步骤如下[26][27]：

（1）制备含硅纳米晶的薄膜，具体见 2.1.2 的操作步骤。

（2）在样品背面镀 Al 电极作为正电极：首先将退火后的样品背面用浓度为 10%的氢氟酸浸泡 1 min，其目的是去掉薄膜制备过程中引入的氧化物，待干后放入制备金属电极的镀膜机中，在背面蒸镀 Al 电极，其厚度大概为微米量级。然后将蒸镀好的 Al 电极样品放入退火炉中进行热退火，退火温度为 480 °C，退火时间为 10 min，并用氮气作为保护气体，其流量为 220 sccm（1 sccm=1 mL/min）。退火目的是使背面与 Al 电极之间形成良好的欧姆接触。

（3）在硅纳米晶薄膜上蒸镀回形 Al 电极作为负电极：正面用一个小片挡住膜层中间的一小部分，留出一个发光区域，其余部分则镀上 Al 电极，如图 2.9 所示。正面蒸镀好 Al 电极之后，同样在流量为 220 sccm（1 sccm=1 mL/min）的氮气环境中进行热退火，退火温度为 200 °C，退火时间为 5 min，其目的是使硅纳米晶薄膜与 Al 电极之间接触良好。

2.3.2　缺陷发光模型的验证

1995 年，秦国刚等人[28][29]提出了缺陷发光模型理论，认为硅纳米

晶的电致发光是由 SiO_2 中的缺陷发光引起的，与硅纳米晶本身无关。图 2.10 所示为缺陷发光模型中在正偏电压下载流子的传输能带结构图。在正偏电压下，来自 Au 电极的电子与来自 p-Si 衬底的空穴隧穿到 SiO_2 层，空穴-电子对在 SiO_2 的复合中心发生复合，发出波长为 680 nm 的可见光。根据缺陷发光模型，硅纳米晶的电致发光与其本身无关。因此，硅纳米晶的电致发光峰位不随外加偏压的增加而发生改变，其结果如图 2.11 所示。从图中可以看出，随着外加偏压的增加，硅纳米晶的发光峰位基本保持不变，这与提出的缺陷发光模型一致。

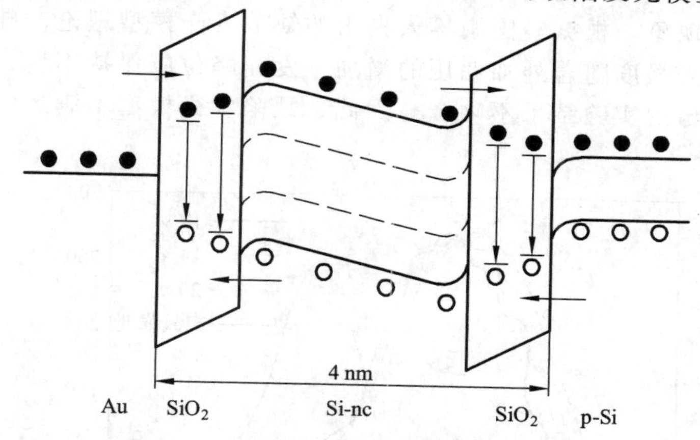

图 2.10　缺陷发光模型能带结构示意图

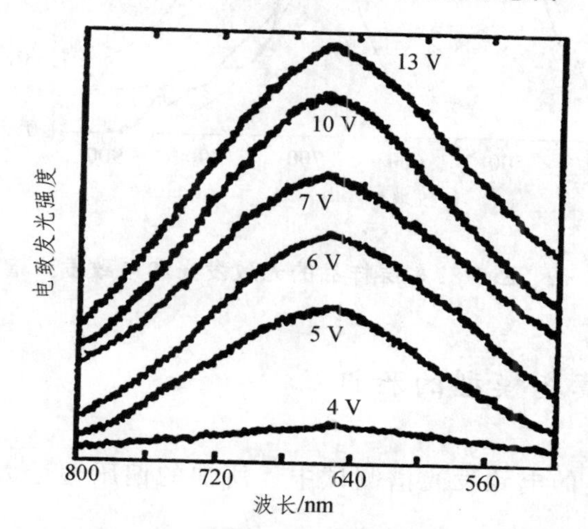

图 2.11　不同偏压下硅纳米晶的电致发光谱

按照前面所叙述的制备多层样品的方法，在 p-Si<1 0 0>（0.5~1.0 Ω·cm）衬底上制备了 SiO/i-Si 多层样品，其中 SiO 层的厚度为 4 nm，i-Si 层的厚度为 1 nm，周期为 30 周期，最上层为 SiO，薄膜的总厚度为 150 nm。经过高温退火后得到 Si-nc：SiO_2/i-Si 样品，制备 Al 作为正负电极，然后测量其在不同外加偏压下的电致发光谱，图 2.12 所示为硅纳米晶的光致发光谱和归一化的电致发光谱。从图中可以看出，光致发光的发光峰位为 730 nm，而电致发光没有固定的发光峰位，相对光致发光而言，电致发光有蓝移，并且电致发光随着外加偏压的增加有蓝移现象。根据秦国刚等人提出的缺陷发光模型理论，硅纳米晶的电致发光强度随着外加偏压的增加，发光峰位应保持不变，这与本研究中得出的实验结果不吻合。因此，缺陷发光模型不满足电致发光机理。

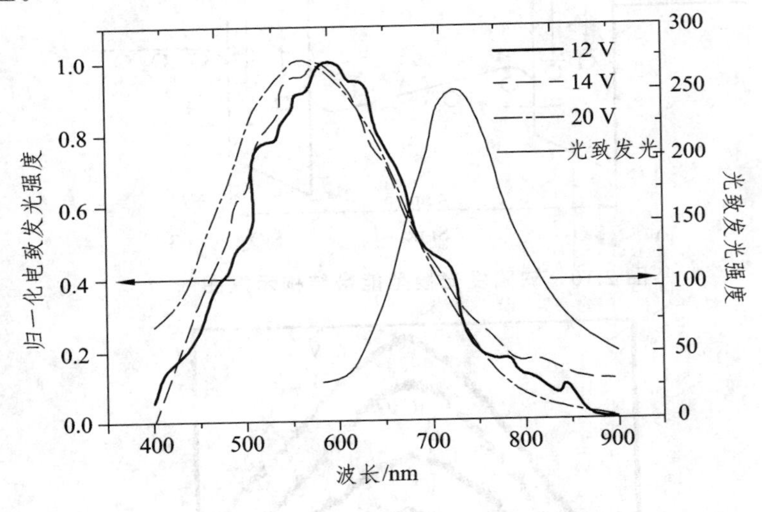

图 2.12　SiO/Si 多层样品的光致发光和电致发光谱

2.3.3　能带填充模型的验证

在硅纳米晶的电致发光谱测试中，所加的偏压远远大于 10 V，根据电场公式：

$$E=U/d \tag{2.4}$$

式中，U 为外加偏压；d 为薄膜厚度，一般为纳米量级。

计算得出样品中的电场约为 10^6 V/cm，因此，隧穿过程不是热电子隧穿，而是双极隧穿[30][31][32]，即电子和空穴从两个相反的电极中同时注入，其能带结构如图 2.13（a）所示，能级 l 为硅纳米晶和 SiO_2 界面的界面态，h 为高能级态，E_{inj} 为注入能量，E_f 为费米能级。从图中可以看出，当注入电子能量较高时，电子占据高能级态，高能级态的电子与空穴复合时，得到高能的电致发光，即发光蓝移。当注入电子能量较低时，电子占据低能级态，低能级态的电子与空穴发生复合时，得到低能的电致发光，即发光红移，且这两种复合的发生概率与竞争机制有关。一般情况下，当低能级态为空态时，高能级上的电子首先弛豫到低能级上，然后再与价带中的空穴复合发光。图 2.13（b）所示为外加偏压下硅纳米晶的光致发光能级图。

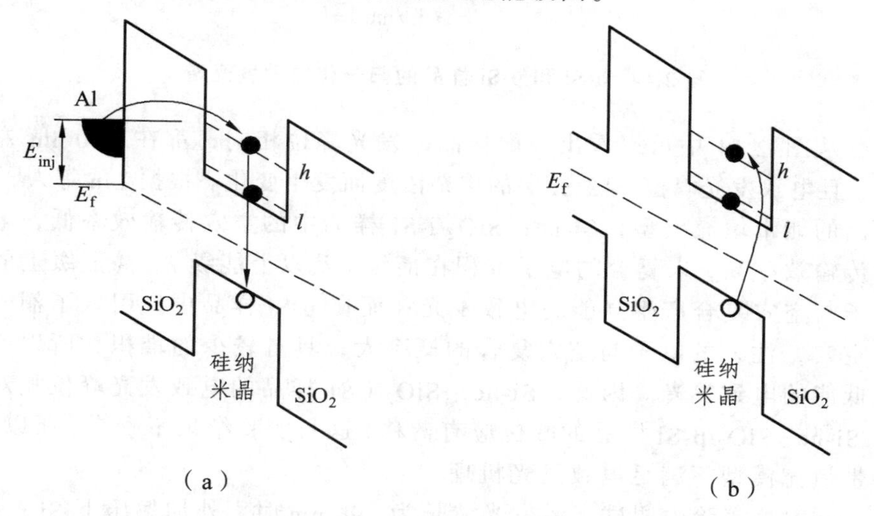

图 2.13　能带填充模型能带图

为了验证能带填充模型是否正确，制备厚度为 150 nm 的 Si-nc：SiO_2/i-Si 和 Si-nc：SiO_2/p-Si 两个样品，将样品 Si-nc：SiO_2/i-Si 中的 i-Si 用 p-Si 替代的目的是增加样品中空穴的传输，从而提高高能级上的电子与空穴发生复合的概率。在外加偏压下，测量两个样品的电致发光强度，如图 2.14 所示。

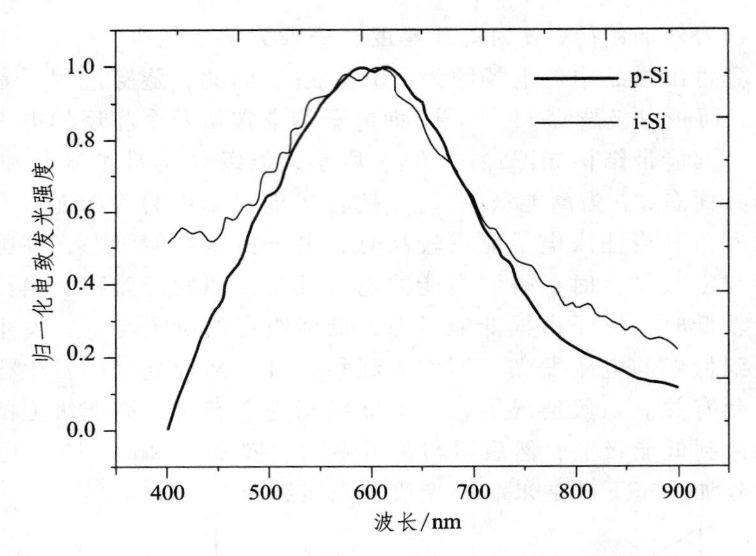

图 2.14　i-Si 和 p-Si 样品的归一化电致发光谱

从图 2.14 中可以看出，两样品的发光峰位相同，都在 600 nm 左右，且电致发光峰位不随 Si 层的掺杂浓度而发生变化。根据 Lin 等人[33]提出的能带填充模型，Si-nc：SiO_2/i-Si 样品中的空穴传输效率低，电子传输效率高，未复合的电子堆积在能级 l 及以上能级 h，高能级上的电子与空穴复合产生高能的电致发光；而在 p-Si 样品中，引入了额外的空穴，注入的电子与空穴复合的概率大，具有较少的堆积，所以产生低能的电致发光。因此，Si-nc：SiO_2/i-Si 样品的电致发光峰位相对于 Si-nc：SiO_2/p-Si 样品的峰位应有蓝移，这与实验结果不吻合，所以，能带填充模型不满足电致发光机理。

同时，实验中测试了激发光波长为 496 nm 时，外加偏压下 Si-nc：SiO_2/i-Si 样品的光致发光谱，其结果如图 2.15 所示。从图中可以看出，样品的光致发光谱有两个峰位，分别在 750 nm 和 790 nm 处，其中 750 nm 的峰位被认为是硅纳米晶的光致发光谱，而 790 nm 的发光是由于测量过程中所引起的系统误差造成的。随着外加偏压的增加，样品的发光峰位没有发生改变。按照能带填充模型理论，在该样品中随着外加偏压的增加，注入电子的能量增加，电子占据更高的能级，高能级的电子与空穴复合时产生高能的发光，因此，随着外加偏压的增加，峰位应有蓝移，这与实验结果不同。该实验结果进一步验证了硅纳米晶的电致发光机理与能带填充模型不吻合。

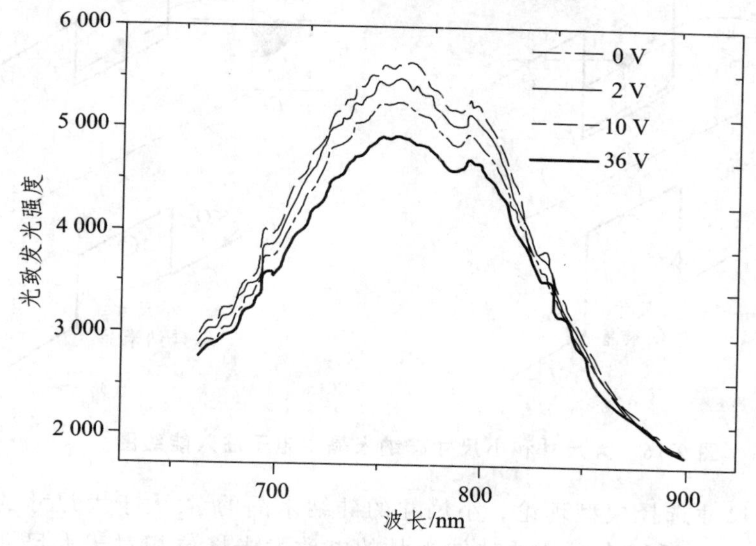

图 2.15　外加偏压下样品的光致发光谱

2.3.4　尺寸选择模型的验证

尺寸选择模型认为硅纳米晶的电致发光是由于样品中小尺寸的硅纳米晶的作用所引起的[33]。根据量子限制效应，硅纳米晶的带隙与尺寸成反比，尺寸越大，带隙越小；尺寸越小，带隙越大。当注入能量越大时，则小尺寸的硅纳米晶对电致发光的贡献就越大。图 2.16 所示为大尺寸和小尺寸的硅纳米晶的能带结构图。当注入电子的能量低于界面态能量时，无电子隧穿发生，但随着注入电子能量的增加，小尺寸的硅纳米晶对电致发光具有重要的贡献，且电致发光有蓝移现象。从图中可以看出，当注入能量 E_{inj} 与大尺寸的硅纳米晶中的能量 h 相当时，电子不被束缚在势阱中，而是逃逸出势垒，这时电子和空穴复合的概率较小，所以几乎无发光。而对于小尺寸的硅纳米晶而言，在同样的注入能量 E_{inj} 下，由于小尺寸的带隙较宽，注入能量接近于能

级 l，电子仍束缚在势阱中，电子和空穴复合发光。

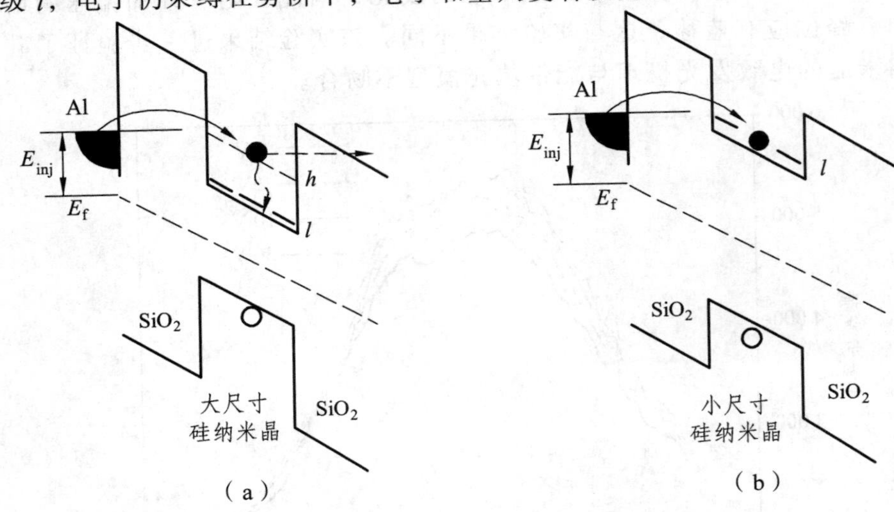

图 2.16　大尺寸和小尺寸硅纳米晶中电子注入能级图

根据尺寸选择模型理论，小尺寸的硅纳米晶的 E_g 大于大尺寸的硅纳米晶的 E_g，所以小尺寸的硅纳米晶的电致发光峰位相对于大尺寸的硅纳米晶的电致发光峰位有蓝移，小尺寸的硅纳米晶的开启电压高于大尺寸的硅纳米晶的开启电压，且串联电阻随着尺寸的增加而减小。

采用混合蒸镀的方法制备由 SiO 和 Si 混合蒸镀组成的单层样品，该样品的厚度为 120 nm，Si 和 SiO 的比例分别为 0∶10、1∶10、2∶10。图 2.17 所示为 0∶10 和 2∶10 两样品的 HRTEM 图，从图中可以看出，随着 Si 含量的增加，硅纳米晶的浓度和尺寸相应地增加。通过理论计算得出三种样品中硅纳米晶的浓度分别为（3.1 ± 1.1）$\times10^{16}$/cm、（4.2 ± 1.2）$\times10^{16}$/cm、（14.2 ± 6.2）$\times10^{16}$/cm。按照尺寸选择模型，随着硅含量的增加，非晶硅更容易转变成晶体硅，所以随着硅纳米晶浓度的增加，硅纳米晶的尺寸相应地增加，这与尺寸选择模型理论结果相符。

图 2.18 所示为三样品在外加偏压 28 V 时的电致发光谱，从图中可以看出，随着 Si 含量的逐渐增加，硅纳米晶的电致发光谱有红移现象。这是因为随着硅含量的增加，根据 HRTEM 结果得知硅纳米晶的浓度和尺寸增加，硅纳米晶的带隙减小，大尺寸的硅纳米晶对电致发光有贡献，所以出现谱线红移现象。

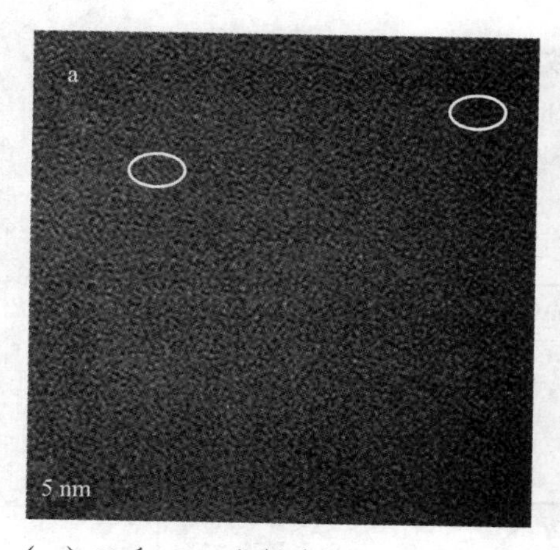

（a）Si 和 SiO 比例为 0∶10 样品的 HRTEM 图

（b）Si 和 SiO 比例为 2∶10 样品的 HRTEM 图

图 2.17 不同 Si 含量样品中硅纳米晶的 HRTEM 图

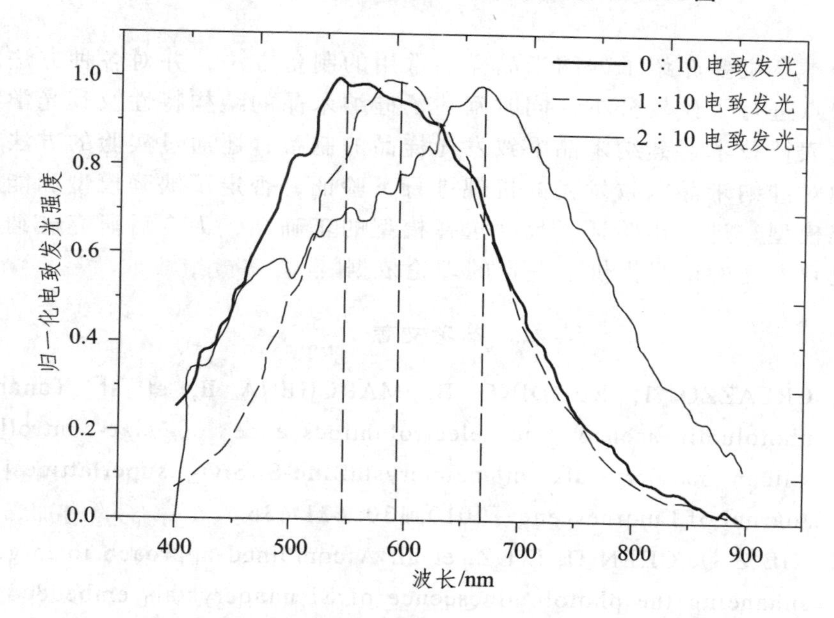

图 2.18 不同 Si 含量的硅纳米晶的归一化电致发光谱

表 2.1 所示为三样品的开启电压和串联电阻结果，R 为样品中硅的含量。从表中可以看出，随着硅含量的增加，开启电压和串联电阻相

应减小。这是因为 Si 含量的增加导致硅纳米晶的浓度和尺寸相应地增大，以利于电子的传输，所以样品的开启电压和串联电阻减小，这与尺寸选择模型结果吻合。

表 2.1　硅纳米晶的开启电压和串联电阻

R	开启电压/V	串联电阻/Ω
0.0	17.2	549.1
0.1	16.5	314.6
0.2	8.1	269.2

2.4　本章小结

本章主要介绍了硅纳米晶样品常用的制备方法，并对各种方法的优缺点进行了比较分析，同时阐述了硅纳米晶的结构特性及其光学特性的表征技术、硅纳米晶电致发光样品的制备，还通过实验的方法详细地对硅纳米晶电致发光的机理进行了验证，否定了缺陷模型和能带填充模型，进一步验证了尺寸选择模型的正确性，为今后研究硅纳米晶电致发光的增强提供了一定的理论依据。

参考文献

[1] CREAZZO T, REDDING B, MARCHENA E, et al. Tunable photoluminescence and electroluminescence of size-controlled silicon nanocrystals in nanocrystalline-Si/SiO_2 superlattices[J]. Journal of Luminescence, 2010, 130: 631-636.

[2] XIE Z Q, CHEN D, L I Z, et al. A combined approach to largely enhancing the photoluminescence of Si nanocrystals embedded in SiO_2[J]. Nanotechnology, 2007, 18: 115716.

[3] LI D, CHEN Y B, REN Y, et al. A multilayered approach of Si/SiO to promote carrier transport in electroluminescence of Si nanocrystals[J]. Nanoscale Research Letters, 2012, 7(1): 200.

[4] TAKAGI H, OGAWA H, YAMAZAKI Y, et al. Quantum size effects on photoluminescence in ultrafine Si particles[J]. Applied Physics Letters, 1990, 56(4): 2379-2481.

[5] LAGUNAET M A, PAILLARD V, KOHN B, et al. Optical properties of nanocrystalline silicon thin films produced by size-selected cluster beam deposition [J]. Journal of Luminescence, 1998, 80(1): 223-228.

[6] ZHU J, HAO H C, LI D, et al. Matrix effect on the photoluminescence of Si nanocrystal[J]. Journal of Nanoparticle Research, 2012, 14(9): 1-7.

[7] FERNANDEZ B G, LOPE Z M, GARCI A C, et al. Interface passivation on the spectral emission of Si nanocrystals embedded in SiO_2[J]. Journal of Applied Physics, 2002, 91: 798-807.

[8] REN Y, CHEN Y B, ZHANG M, et al. Photoluminescence of Si from Si nanocrystal-doped SiO_2/Si multilayered sample[J]. Applied Surface Science, 2011, 257: 9578-9582.

[9] PELANT I. Optical gain in silicon nanocrystals: Current status and perspectives[J]. Physics Status Solidi Applications & Materials, 2011, 208(3): 625-630.

[10] RINNERT H, VERGNAT M. Influence of the barrier thickness on the photoluminescence properties of amorphous Si/SiO multilayers[J]. Journal of Luminescence, 2005, 113: 64-68.

[11] JAMBOIS O, RINNERT H, DEVAUX X, et al. Photoluminescence and electroluminescence of size-controlled silicon nanocrystallites embedded in SiO_2 thin films[J]. Journal of applied physics, 2005, 98(4): 046105- 046105-3.

[12] SHIRAI H, TSUKAMOTO T, KUROSAKI K I, et al. Luminescent silicon nanocrystal dots fabricated by $SiCl_4/H_2$ RF plasma-enhanced chemical vapor deposition[J]. Physica E Low-dimensional Systems and Nanostrucalres, 2003, 16(3): 388-394.

[13] FANG Y, XIE Z, QI L, et al. The effects of CeF_3 doping on the photoluminescence of Si nanocrystals embedded in a SiO_2 matrix[J].

Nanotechnology, 2005, 16(6): 769.

[14] YUE G, LORENTZEN J D, LIN J, et al. Photoluminescence and Raman studies in thin-film materials: Transition from amorphous to microcrystalline silicon[J]. Applied Physics Letters, 1999, 75(4): 492-494.

[15] GAN J, LI Q, HU Z, et al. Study on phase separation in a-SiOx for Si nanocrystal formation through the correlation of photoluminescence with structural and optical properties[J]. Applied Surface Science, 2012, 258(7): 6145-6151.

[16] SHIMIZU-IWAYAMA T, NAKAO S, SAITOH K, et al. Visible photoluminescence in Si^+-implanted thermal oxide films on crystalline Si[J]. Applied Physics Letters, 1994, 65(14): 1814-1816.

[17] PELANT I. Optical gain in silicon nanocrystals: Current status and perspectives[J]. Physica Status Solidi Applications & Materials, 2011, 208(3): 625-630.

[18] RINNERT H, VERGNAT M. Influence of the barrier thickness on the photoluminescence properties of amorphous Si/SiO multilayers[J]. Journal of Luminescence, 2005, 113: 64-68.

[19] JAMBOIS O, RINNERT H, DEVAUX X, et al. Photoluminescence and electroluminescence of size-controlled silicon nanocrystallites embedded in SiO_2 thin films[J]. Journal of applied physics, 2005, 98: 046105-046105-3.

[20] FURUKAWA S, MIYASATO T. Quantum size effects on the optical band gap of microcrystalline Si: H[J]. Physical Review. B, 1988, 38: 5726.

[21] KAHLER U, HOFMEISTER H. Visible light emission from Si nanocrystalline composites via reactive evaporation of SiO[J]. Optical Materials, 2001, 17: 83-86.

[22] 朱江．硅纳米晶的光致发光增强及受激辐射研究[D]．上海：复旦大学，2013.

[23] WANG D C, CHEN J R, ZHU J, et al. On the spectral difference between electroluminescence and photoluminescence of Si

nanocrystals: a mechanism study of electroluminescence[J]. Journal of Nanoparticle Resesrch, 2013, 15(15): 1-7.

[24] 李丁. 硅纳米晶电致发光增强研究[D]. 上海：复旦大学，2012.

[25] QIN G G, JIA Y Q. Mechanism of the visible luminescence in porous silicon [J]. Solid State Communications, 1993, 86: 559-563.

[26] YUAN F C, RAN G Z, CHEN Y, et al. Room-temperature 1.54 mm electroluminescence from Er-doped silicon-rich silicon oxide films deposited on N-Si substrates by magnetron sputtering[J]. Thin Solid Films, 2002, 409(2): 194-197.

[27] SHIMIZU-IWAYAMA T, NAKAO S, SAITOH K, et al. Visible photoluminescence in Si^{+} -implanted thermal oxide films on crystalline Si[J]. Applied Physics Letters, 1994, 65(14): 1814-1816.

[28] DING L, CHEN T P, LIU Y, et al. The influence of the implantation dose and energy on the electroluminescence of Si+ implanted amorphous SiO_2 thin films[J]. Nanotechnology, 2007, 18(45): 455306.

[29] QIN G G, QIN G. Multiple mechanism model for photoluminescence from oxidized porous Si [J] .Physica Status Solidi, 2000, 182: 335-339.

[30] GARCIA C, GARRIDO B, PELLEGRINO P, et al. Absorption cross-sections and lifetimes as a function of size in Si nanocrystals embedded in SiO_2[J]. Physica E , 2003, 16: 429-433.

[31] MISHRA P, JAIN K P. Raman, Photoluminescence and optical absorption studies on nanocrystalline silicon[J]. Materials Science & Engineering B, 2002, 95: 202-213.

[32] RINNERT H, VERGNAT M, MARCHAL G, et al. Intense visible photoluminescence in amorphous SiOx and SiOx : H films prepared by evaporation[J]. Applied physics letters, 1998, 72: 3157-3159.

[33] XU J, MAKIHARA K, DEKI H, et al. Electroluminescence from Si quantum dots/SiO_2 multilayers with ultrathin oxide layers due to bipolar injection[J]. Solid State Communications, 2009, 149: 739-742.

3 界面效应对硅纳米晶发光的影响

硅纳米晶的发光不仅与其自身相关，还受到硅纳米晶和包裹介质之间的界面影响。Zhu 等人[1][2]通过制备 SiO/SiO_2 和 Si/SiO_2 样品，来获得镶嵌于二氧化硅中的硅纳米晶 Si-nc：SiO_2 和镶嵌于无定形硅中的硅纳米晶 Si-nc：a-Si，并通过研究提出了基体效应（Matrix Effect）概念（见图 3.1），即在不同的基体材料中，硅纳米晶形成后所处的环境不同，形成不同的界面势垒和界面态，不同的界面势垒和界面态对硅纳米晶的发光有一定的影响。同时，为了进一步研究基体效应对硅纳米晶光致发光的影响，他们还研究了当硅层厚度变化时，硅纳米晶的发光变化情况。图 3.2 所示反映了当 Si/SiO_2 多层样品中硅层厚度分别为 1 nm、3 nm、5 nm、10 nm 时的光致发光情况，从图中可以看出，随

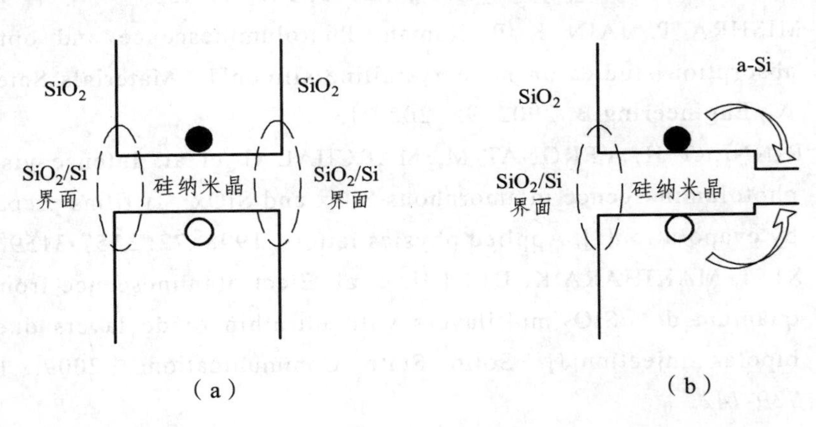

（a）　　　　（b）

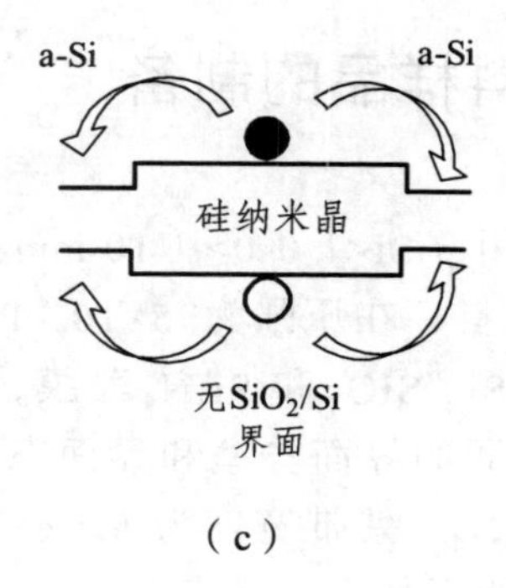

（c）

图 3.1　基体效应理论模型

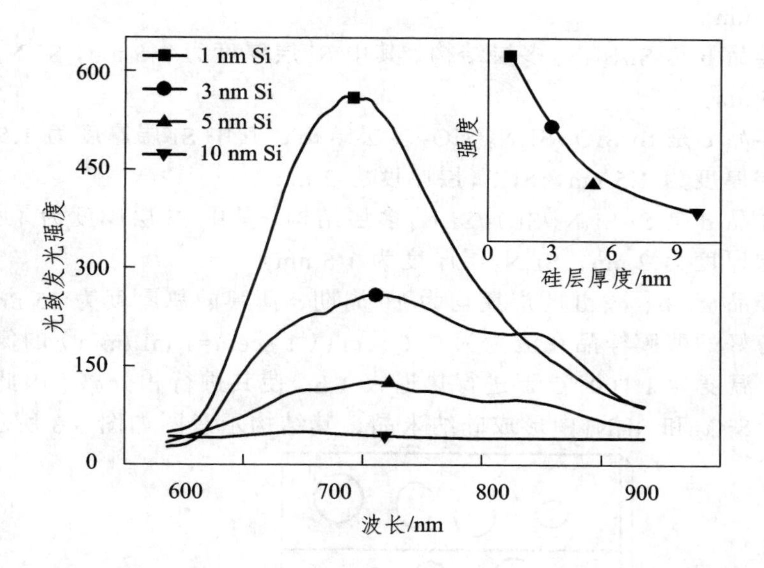

图 3.2　多层 Si/SiO_2 样品光致发光随 Si 层厚度变化示意图

着硅层厚度的增加，样品的发光曲线总体上有红移的趋势，这与量子限制效应的结果吻合。而从发光强度来说，随着硅层厚度的增加，有下降的趋势。

在本研究中，我们通过采用不同的基体材料（SiO_2 和 Si_3N_4）来提供不同的界面势垒和界面态，从而系统地研究界面效应在硅纳米晶光致发光和电致发光中的作用。

3.1 不同基体材料样品的制备

同第 2 章所述，应用 p-Si<1 0 0>（10 mm×10 mm×0.5 mm，0.5 ~ 1.0 Ω · cm）作为衬底材料，在压强为 5×10^{-4} Pa 时进行镀膜，利用电子束热蒸发的方法制备 Si、SiO_2 和 Si_3N_4 薄膜，SiO_2 和 Si_3N_4 的含量均为 99.99%。为了引入不同的界面势垒和界面态，实验中应用 SiO_2（禁带宽度为 9.0 eV）和 Si_3N_4（禁带宽度为 5.1 eV）作为基体，制备 4 种样品来进行研究，分别标记如下：

样品 a 是 Si/SiO_2 多层结构，其中 Si 层厚度为 1.5 nm，SiO_2 层厚度为 5 nm。

样品 b 是 Si/Si_3N_4 多层结构，其中 Si 层厚度为 1.5 nm，Si_3N_4 层厚度为 5 nm。

样品 c 是 $Si/SiO_2/Si_3N_4/SiO_2$ 多层结构，其中 Si 层厚度为 1.5 nm，SiO_2 层厚度为 1.5 nm，Si_3N_4 层厚度为 2 nm。

样品 d 是 $Si/Si_3N_4/SiO_2/Si_3N_4$ 多层结构，其中 Si 层厚度为 1.5 nm，SiO_2 层厚度为 2 nm，Si_3N_4 层厚度为 1.5 nm。

样品 a、b、c、d 的周期均为 10 周期，薄膜的总厚度为 65 nm。所有制备好的薄膜样品在流量为 220 sccm（1 sccm=1 mL/min）的氮气环境中，温度为 1 100 °C 下进行热退火 1 h，使其进行相分离。因此在非晶硅、SiO_2 和 Si_3N_4 中形成硅纳米晶，其结构示意图如图 3.3 所示。

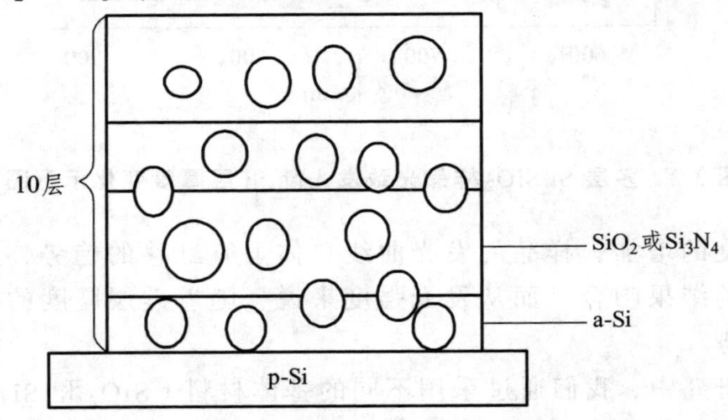

图 3.3　硅纳米晶的结构示意图

相关文献[4][5][6][7]提到了多层薄膜中硅纳米晶的吸收谱，因此在实验

中测量了 Si/SiO_2 多层样品中硅纳米晶的吸收谱，其结果如图 3.4 所示。从图中可以看出，其吸收边在 310 nm 左右，表明该样品中存在硅纳米晶。

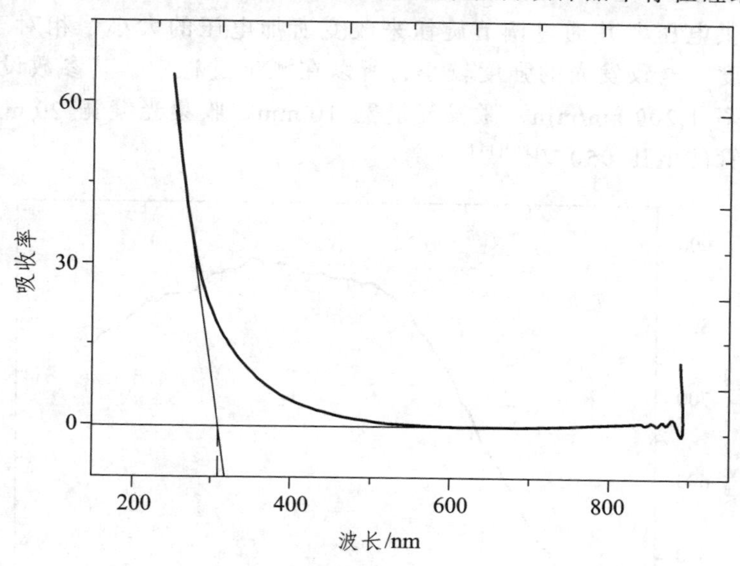

图 3.4　多层样品 Si/SiO_2 中硅纳米晶的吸收谱

为了获得更高的激发效率，对制备好的样品利用 F-4500 测试了硅纳米晶在不同的激发光波长下的峰位在 720 nm 处的发光强度，其结果如图 3.5 所示。其中测试参数设置为扫描速率为 1 200 nm/min，激发光缝宽为 5 mm，收集光缝宽为 5 mm，光电倍增管电压为 700 V。从图中可以看出，在激发光波长为 290 ~ 330 nm 时，硅纳米晶的激发效率最高，并基本保持不变。因此，在测试过程中选用 300 nm 作为激发光波长。

利用 2.3.1 介绍的制备 Al 电极的方法制备正负电极，其中正电极 Al 的厚度约为 2 μm，负电极 Al 的厚度约为 800 nm，其结构如图 3.6 所示。将制备好的发光二极管器件放入如图 3.7 所示的测试装置中测量其电致发光谱。该测试装置中，铜板作为正电极，连接发光二极管的正极，铜压片作为负电极，与发光二极管中的回字形 Al 电极相连。李丁等人[8][9]研究发现，当给样品加电压时，流经样品的电流使样品发热，产生非辐射复合，该复合不利于硅纳米晶的电致发光。因此，在测试过程中需给样品制冷，使其保持在室温或者低温状态，从而提高样品的电致发光强度。在该测试装置的背面附带有一个散热系统，使样品在测试过程中的温度基本保持在室温条件下，将装好样品的样品架放入 F-4500 光谱仪内测量电致发光谱。在测试过程中，由 Keithley 电源提供电压，并通过调节旋钮来改变所加电压的大小，相对于光致发光强度，电致发光的强度较小，所以在测试过程中，其参数设置为：扫描速率 1 200 nm/min，激发光缝宽 10 mm，收集光缝宽 20 mm，光电倍增管的电压 950 V[10][11]。

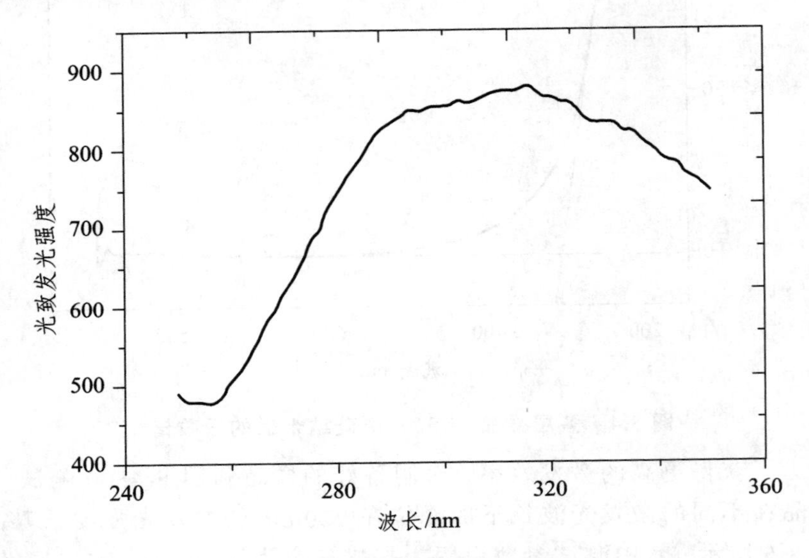

图 3.5　硅纳米晶的激发谱

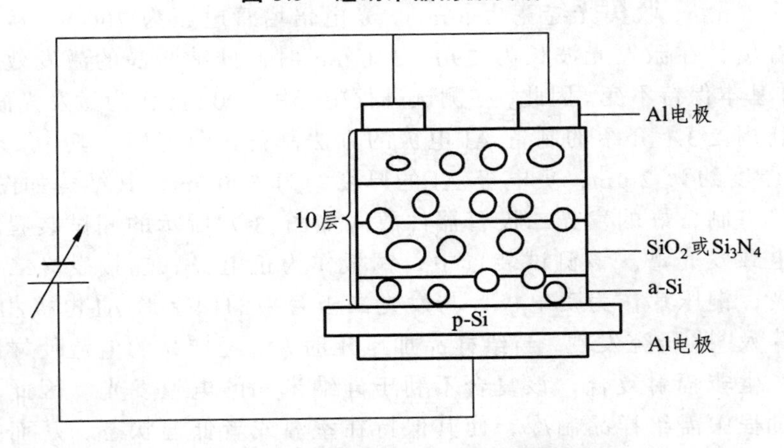

图 3.6　含硅纳米晶的发光二极管结构图

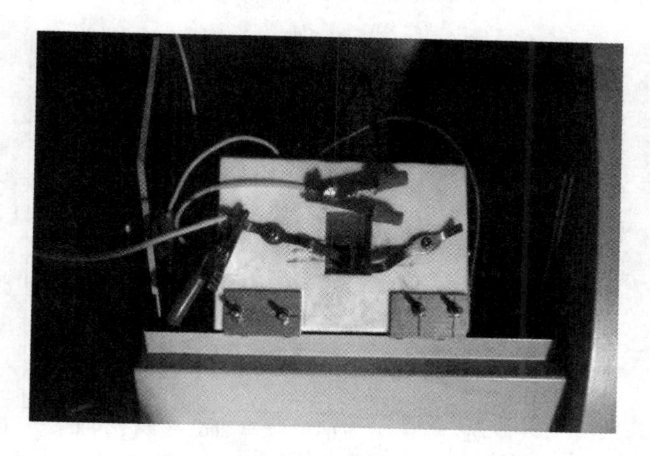

图 3.7 电致发光的测量装置实物图

实验中还对 4 种样品进行了氢钝化处理，氢钝化是指将制备好的硅纳米晶放入管式石英退火炉中通入混合气体进行热处理。其中，氢气和氮气的含量比为 5%∶95%，退火温度为 600 °C，退火时间为 30 min，气体流量为 220 sccm（1 sccm=1 mL/min）。在钝化过程中含有一个电子的氢离子与悬挂键的电子配对，从而减少悬挂键的数量，提高了荧光强度[12][13]。

3.2 硅纳米晶的发光光谱

3.2.1 不同样品的光致发光谱

1. 氢钝化前样品的光致发光谱

利用荧光分光光度计测试了 4 种样品在不同激发光波长下的光致发光谱，图 3.8 所示为样品 a Si/SiO_2 的光致发光谱。从图中可以看出，样品 a Si/SiO_2 的发光强度较大，且随着激发光波长的增加（或激发光能量的降低），样品的发光强度有所降低。这是因为当能量较低时，被激发到导带中的电子数目较少，导带中的电子和价带中的空穴复合的概率较小，所以产生的光子数目较少，导致光致发光强度降低。

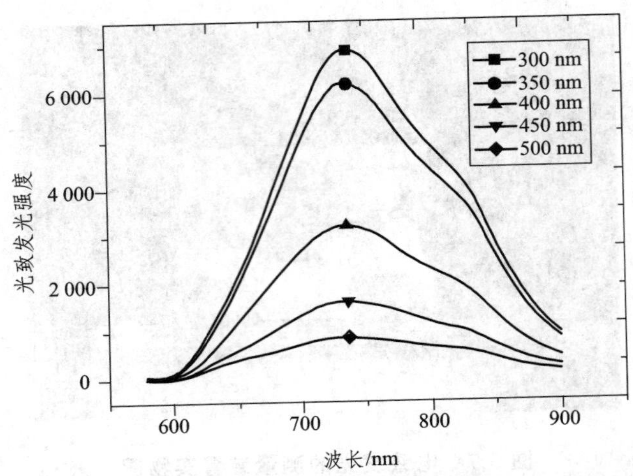

图 3.8　样品 a Si/SiO_2 在不同激发光下的光致发光谱

图 3.9 所示为样品 b Si/Si_3N_4 在不同激发光下的光致发光谱，样品 b Si/Si_3N_4 的光致发光强度变化趋势与样品 a Si/SiO_2 的变化趋势一致，但发光强度远远小于样品 a Si/SiO_2 的发光强度。这是因为在同样激发光能量之下，电子被限制在样品 a Si/SiO_2 的势阱中，电子与空穴进行复合发光；而对于样品 b Si/Si_3N_4，电子有可能逃逸到势阱之外，电子与空穴复合的概率较小，所以发光较弱，或由于样品 a 与样品 b 的界面态不同，所以两者的发光强度相差较大，具体分析将在后面章节介绍。

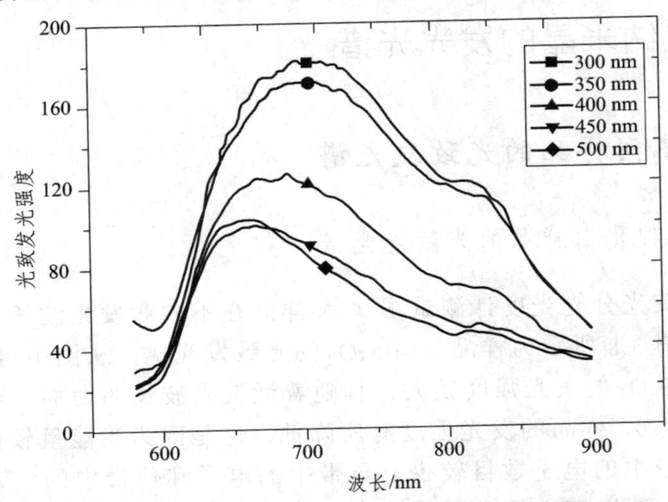

图 3.9　样品 b Si/Si_3N_4 在不同激发光下的光致发光谱

图 3.10、图 3.11 所示分别为样品 c $Si/SiO_2/Si_3N_4/SiO_2$ 和样品 d $Si/Si_3N_4/SiO_2/Si_3N_4$ 在不同激发光能量下的光致发光谱，两个样品的光致发光都随着激发光波长的增加而降低，但相对于样品 c，样品 d 的光致发光较大。其原因在于：虽然两者的界面势垒基本相同（忽略界面势垒的宽度），但两者的界面态不相同，所以其光致发光强度的大小也不相同。

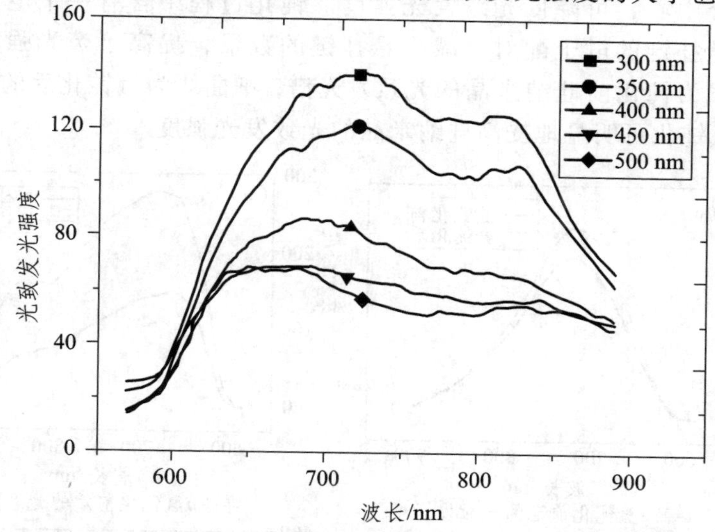

图 3.10　样品 c $Si/SiO_2/Si_3N_4/SiO_2$ 在不同激发光下的光致发光谱

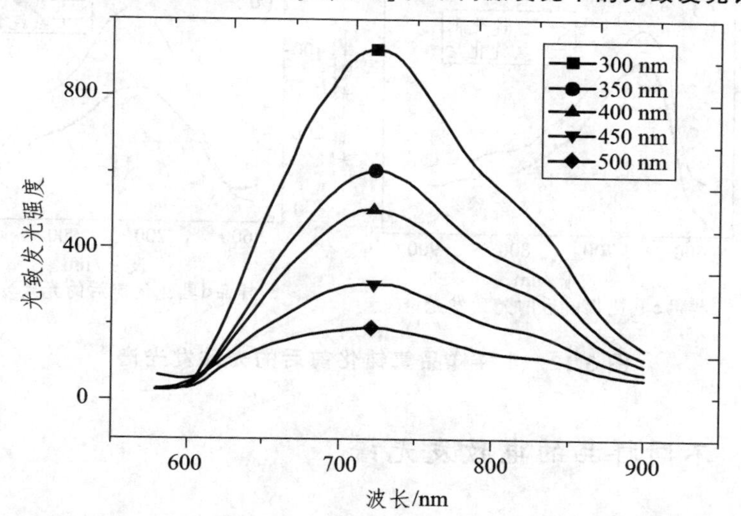

图 3.11　样品 d $Si/Si_3N_4/SiO_2/Si_3N_4$ 在不同激发光下的光致发光谱

2. 氢钝化后样品的光致发光谱

利用实验部分所介绍的氢钝化方法对 4 种样品进行氢钝化，然后在激发光波长为 300 nm 时测其光致发光，得到如图 3.12 所示的结果。由于在 Si 与 SiO_2、Si_3N_4 界面处存在着许多悬挂键，悬挂键是一种非辐射复合中心，可降低光致发光强度。钝化过程中含有一个电子的氢离子和悬挂键的电子配对，减少悬挂键的数量，提高了荧光强度。图中粗曲线为钝化前硅纳米晶的光致发光谱，细曲线为氢钝化后的光致发光谱，氢钝化可明显地提高硅纳米晶的光致发光强度。

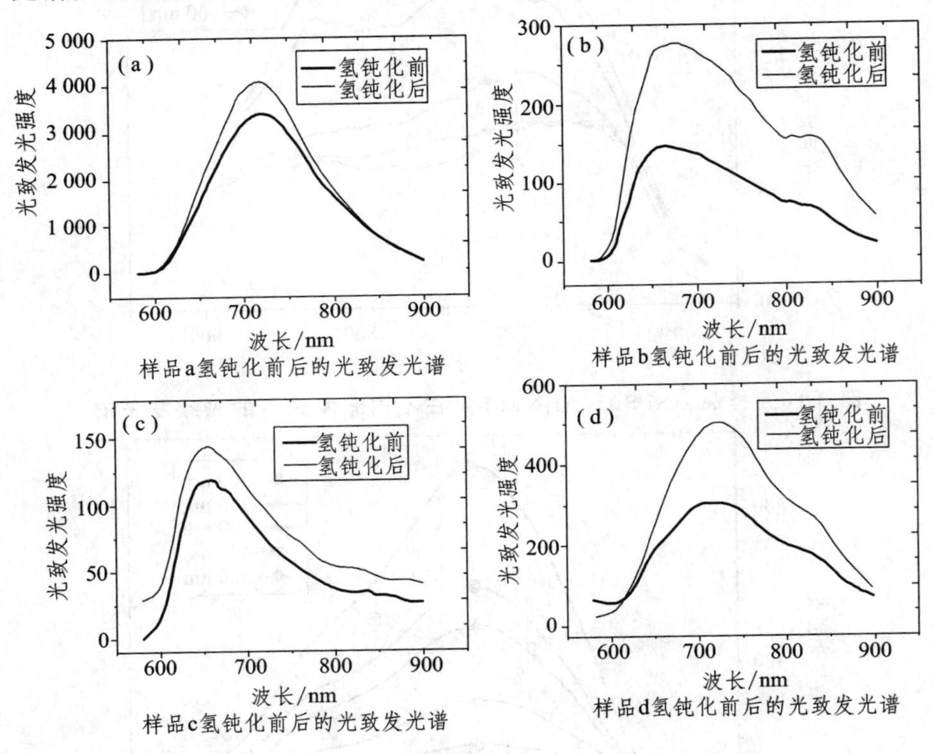

图 3.12　4 种样品氢钝化前后的光致发光谱

3.2.2　不同样品的电致发光谱

利用 Keithley 电源提供电压，在 F-4500 中测量样品 a Si/SiO_2 和样

品 b Si/Si_3N_4 的电致发光谱，其结果如图 3.13、图 3.14 所示。从图中可以看出，样品 a 的电致发光峰位在 600 nm 处，样品 b 的电致发光峰

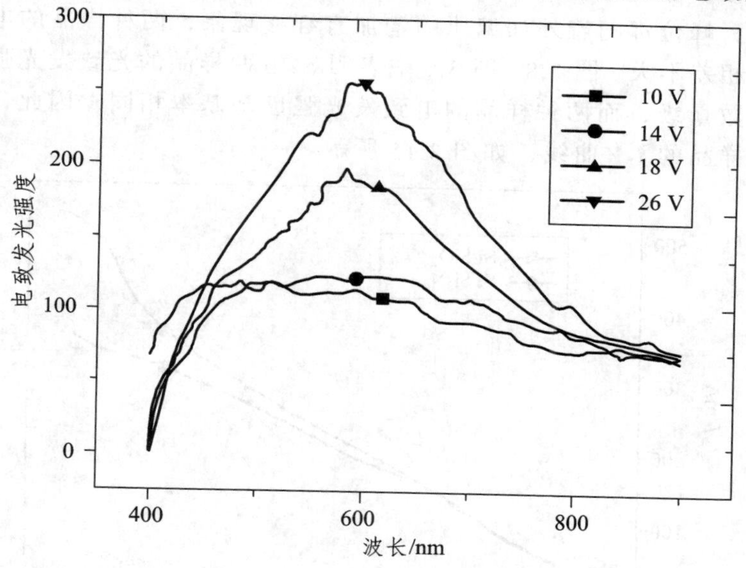

图 3.13　样品 a Si/SiO_2 在不同外加电压下的电致发光谱

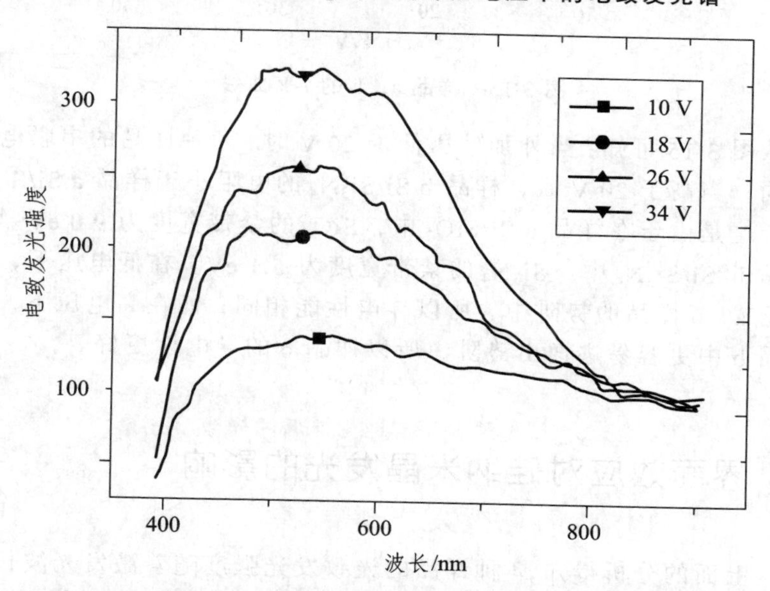

图 3.14　样品 b Si/Si_3N_4 在不同外加电压下的电致发光谱

位在 550 nm 左右处，样品 b 的电致发光峰位相对于样品 a 的峰位有一定的蓝移，并且随着外加偏压的增加，a、b 两样品的电致发光强度有所增加，峰位都随着外加偏压的增加有红移现象，两种样品的电致发光强度相差不大。图 3.8、图 3.9 中表明 a、b 两样品的光致发光强度相差一个数量级，而两种样品的电致发光强度却基本相同。因此，测量了两种样品的 *I-V* 曲线，如图 3.15 所示。

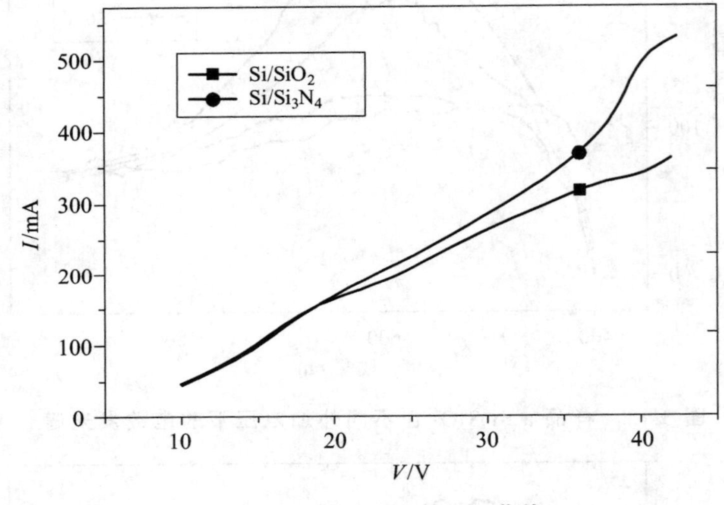

图 3.15　样品 a、b 的 *I-V* 曲线

从图 3.15 可知：当外加偏压低于 20 V 时，两种样品的串联电阻基本相同；当高于 20 V 后，样品 b Si/Si_3N_4 的电阻小于样品 a Si/SiO_2 的电阻。这是由于在样品 a Si/SiO_2 中，SiO_2 的禁带宽度为 9.0 eV[14][15]，在样品 b Si/Si_3N_4 中，Si_3N_4 的禁带宽度为 5.1 eV。在低电压下，电子都处于 a、b 样品的势阱中，所以导电性能相同；而在高电压下，电子在样品 b 中更容易逃逸出势阱，所以样品 b 的导电性更好。

3.3　界面效应对硅纳米晶发光的影响

从上面的分析得知，4 种样品的光致发光强度随着激发光波长的增加而降低，且样品 a 的发光强度最强，样品 c 的最低，而电致发光强度却基本相同，其原因分析如下：

测试 4 种样品在激发光波长为 300 nm 时的光致发光谱，结果如图 3.16 所示。从图中可以看出，4 种样品中随着 SiO_2 厚度的减小，其发光峰位有蓝移现象，并且其强度相差也较大。样品 a 的光致发光强度是 b、d 两种样品的 23 倍，是样品 c 的 6 倍；样品 c 的光致发光强度是样品 b 的 6 倍；b、d 两种样品的光致发光强度基本相同。

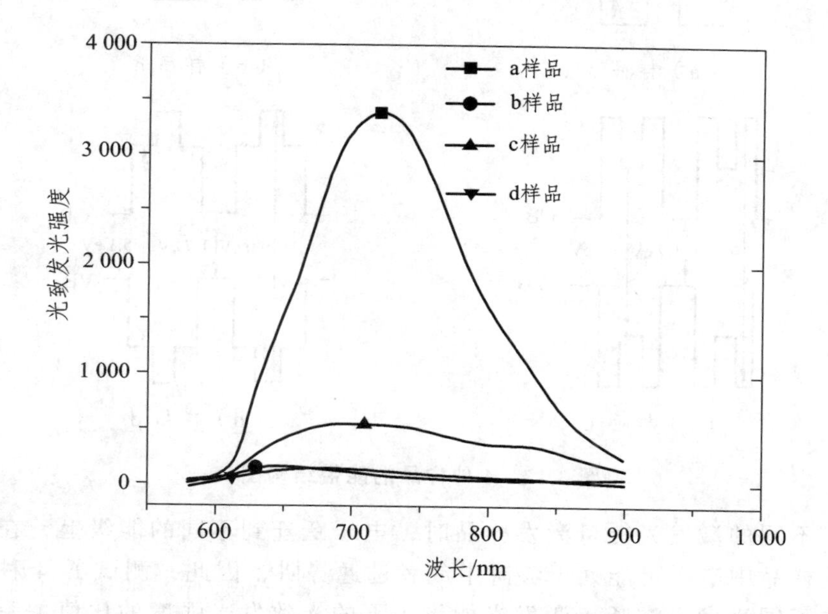

图 3.16　4 种样品在激发光波长为 300 nm 时的光致发光谱

图 3.17 所示为 4 种样品的能带结构图，图中 CB 为导带底，VB 为价带顶，9.0 eV、V_0=3.7 eV 为 SiO_2 的禁带宽度和功函数，5.1 eV、V_0=1.7 eV 为 Si_3N_4 的禁带宽度和功函数，3.4 eV 为电子逃逸出 Si_3N_4 势阱所需的能量。硅纳米晶的光致发光峰位在 730 nm 处，根据公式[16][17]：

$$E=\frac{1\,240}{\lambda} \tag{3.1}$$

可计算出硅纳米晶的禁带宽度为 1.7 eV。

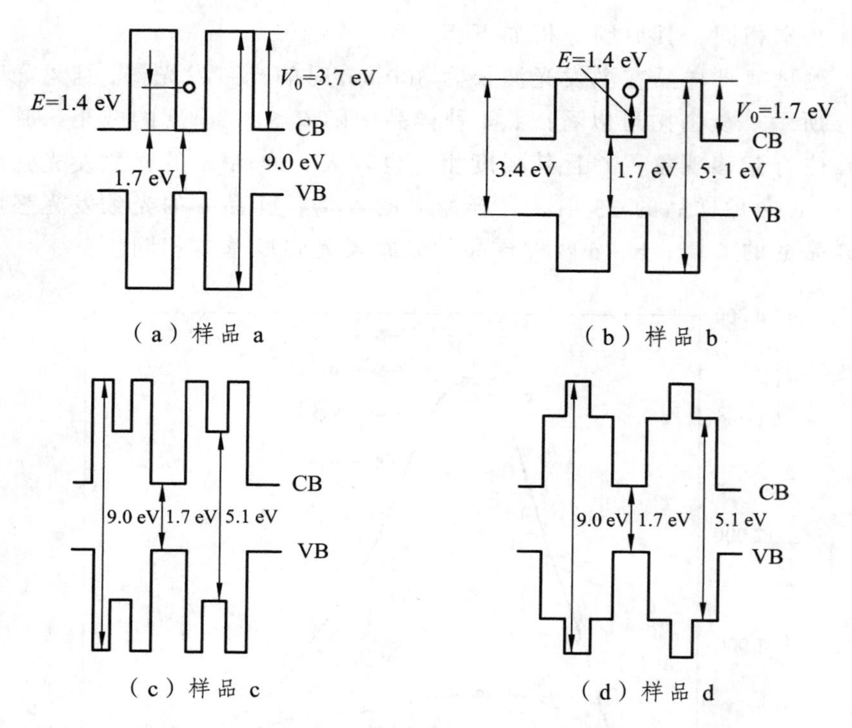

图 3.17　4 种样品的能带结构图

不同的激发光能量激发样品时，电子跃迁到不同的能级上，在不同的样品中电子可能处于势阱中或者逃逸势阱，因此，测试了 4 种样品在不同激发光波长（激发光能量）下的光致发光强度的比值关系，其结果如图 3.18、图 3.19 所示。在所测试的能量范围内，PLa/PLb、PLa/PLc、PLc/PLd、PLd/PLb 4 个比值随着激发光能量的增加而增加。对于 PLa/PLb、PLa/PLc 两个比值，当入射光能量从 2.5 eV 增加到 3.1 eV 时，其比值增加较为缓慢；当能量大于 3.1 eV 而小于 3.4 eV 时，其比值迅速增加；而激发光能量超过 3.4 eV 时，其比值增加又处于缓慢状态。其原因在于，从 4 种样品的能带结构图 3.17 中的（b）图可以看出，为了克服 Si_3N_4 的势垒限制，其激发光子的能量应大于 3.4 eV，即激发光的波长应小于 350 nm，因此，当能量低于 3.4 eV 时，4 种样品中的电子都处于相应的势阱之中；当能量高于 3.4 eV 时，样品 b 中的电子逃逸出势阱之外，电子与空穴复合概率较小，光致发光强度较低。

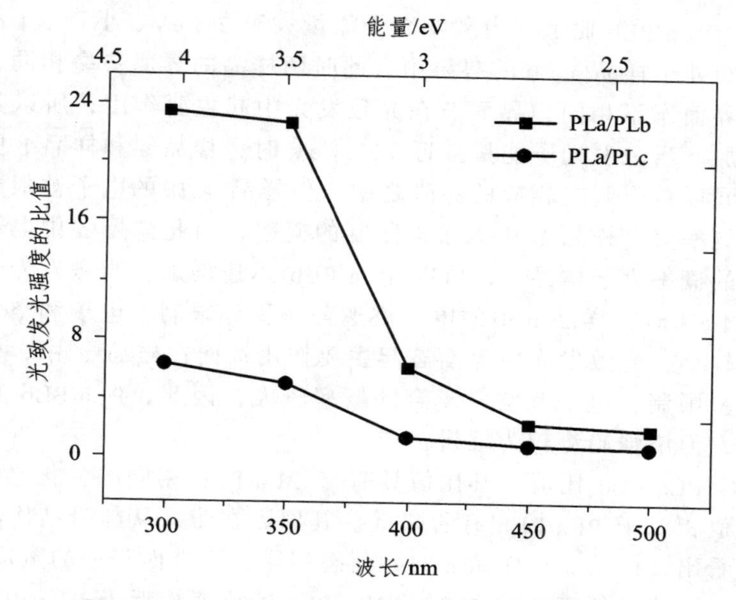

图 3.18　PLa/PLb、PLa/PLc 随激发光波长的变化

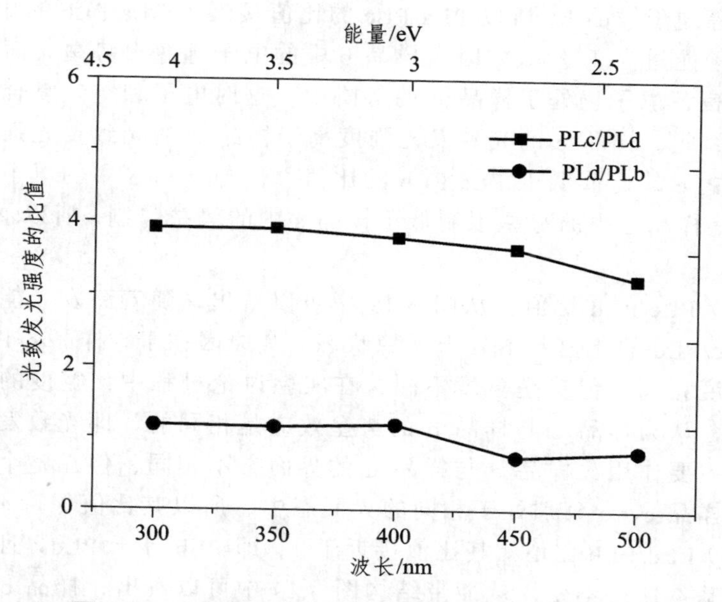

图 3.19　PLc/PLd、PLd/PLb 随激发光波长的变化

（1）PLa/PLb 比值。当激发光子能量大于 2.5 eV、小于 3.1 eV 时，电子分别处于样品 a、b 的势阱中，此时两样品的界面势垒相同，但两样品的界面态不相同，界面态在光致发光中起主要作用，所以其比值缓慢增加。当激发光子能量接近于 3.4 eV 时，样品 a 和样品 b 中的激发电子同样被限制在相应的势阱之中，但样品 a 中的电子被限制在势阱中的概率大于样品 b 中电子被限制的概率，因此样品 a 中电子与空穴复合的概率大于样品 b，所以 PLa/PLb 迅速增加。当激发光子能量大于 3.4 eV 时，样品 b 中的电子逃逸势垒受到限制，电子和空穴复合的概率较小，光致发光中界面态起主要作用；而在样品 a 中，仍然存在着势垒限制，电子和空穴复合的概率较大，因此，PLa/PLb 的值逐渐增大，但增强趋势较为缓慢。

（2）PLa/PLc 比值。其比值具有与 PLa/PLb 相同的变化趋势，但是其比值相对于 PLa/PLb 有所降低。其原因在于，从能带结构图 3.17 中可以看出，样品 a 与样品 c 的界面态相同，而界面势垒的宽度不同，当激发光子能量低于 3.1 eV 时，PLa/PLc 的比值接近于 PLa/PLb 的比值，因为能量低于 3.1 eV 时，电子被限制在样品 a、c 的势阱中，这时样品 c 等同于样品 b，所以 PLa/PLc 的比值接近于 PLa/PLb 的比值。当激发光子能量高于 3.4 eV 时，样品 b 中的电子逃逸出势垒，而对于样品 c 而言，电子仍处于样品 c 的势阱中，这时电子和空穴复合的概率增加，因此，样品 c 的光致发光强度高于样品 b 的光致发光强度，所以 PLa/PLc 的比值低于 PLa/PLb 的比值。但与样品 a 中的电子势垒限制相比，样品 c 中的势垒限制低于样品 a 中的势垒限制，所以 PLa/PLc 大于 1。

（3）PLc/PLd 比值。从图 3.19 中可以看出，随着激发光能量的增加，PLc/PLd 的比值基本处于平稳状态。其原因在于，样品 c 和样品 d 势垒高度相同，但势垒宽度不同，在实验讨论过程中该宽度的差别忽略不计，认为样品 c 与样品 d 的势垒效应是相同的，即光致发光中界面态起主要作用，样品 c 与样品 d 的界面态不相同，但在整个能量范围内，样品 c、d 分别处于相同的界面态中，所以其比值保持不变。

（4）PLd/PLb 比值。其比值接近于 1，即 PLb 等于 PLd，且在能量范围内基本保持不变。从能带结构图 3.17 中可以看出，样品 b 和样品 d 的界面态相同，样品 d 的势垒略高于样品 b 的势垒，光致发光中势垒效应起主要作用。因此，其比值接近于1。

通过计算样品a和样品b在激发光波长为400 nm时的硅纳米晶中电子占据概率的比值，从理论计算方面研究界面效应在硅纳米晶的光致发光中的影响。无论是硅纳米晶的光致发光还是电致发光，都可理解为半导体非平衡载流子注入后的复合过程中发射光子的过程，对于在硅纳米晶导带中生成的非平衡载流子——电子，在参与复合过程之前，无论势垒限制材料是SiO_2或Si_3N_4，都应有一部分电子隧穿出SiO_2或Si_3N_4介质。从能带结构图3.17中可以看出，SiO_2和Si_3N_4势垒的高度不同，其隧穿出的电子概率也不同，所以滞留在硅纳米晶中参与复合的电子数量不同，即电子和空穴复合的概率不同。

根据隧穿概率公式[18][19][20]：

$$T=[1+\frac{\sinh^2 k_1 w}{4\frac{E}{V_0}(1-\frac{E}{V_0})}]^{-1} \quad (3.2)$$

式中，V_0为能带结构图3.17中所示的势垒高度；w是势垒宽度，在图3.17（a）、（b）样品中都为5 nm；$k_1=\frac{\sqrt{2m^*(V_0-E)}}{\hbar}$，是波矢；$m^*$是电子的有效质量，为普朗克常数。由于几个电子伏入射的电子经过几个电子伏高于几个纳米宽的势垒，其隧穿概率已远在10^{-5}量级以下，因此在计算过程中，取介质势垒为无限宽，由波函数的归一化条件：

$$\int_{-\frac{a}{2}}^{\frac{a}{2}}\varphi_{in}^2 dx+2\int_{\frac{a}{2}}^{\frac{a}{2}+w}\varphi_{out}^2 dx=1 \quad (3.3)$$

式中，$\varphi_{in}=A\cos k_2 x$，为势阱内的波函数；$\varphi_{out}=Be^{-k_1 x}$，为势阱外的波函数；波矢$k_2=\frac{\sqrt{2m^* E}}{\hbar}$；$a$为硅纳米晶势阱的宽度，其值为1.5 nm。

利用连续性条件[21][22]：

$$A\cos k_1\frac{a}{2}=Be^{-k_2\frac{a}{2}} \quad (3.4)$$

和归一化条件（3.3）可计算出振幅A、B。

联立方程（3.3）、（3.4）即可得出波函数在硅纳米晶量子阱内的概率为

$$P=\int_{-\frac{a}{2}}^{\frac{a}{2}}\varphi_{\text{in}}^2\mathrm{d}x \tag{3.5}$$

通过同样的理论可计算得出如表 3.1 所示的结果。

表 3.1 不同激发光波长下电子占据概率的比值

激发波长/nm	量子阱内电子概率		$P(SiO_2)/P(Si_3N_4)$
	$P(SiO_2)$	$P(Si_3N_4)$	
400	79%	63%	1.25
450	81%	71%	1.14
500	89%	83%	1.07

从表 3.1 中可以看出，当激发光波长为 400 nm 时，a、b 两样品中，电子占据概率的比值为 1.25，该比值可认为是样品 a、b 光致发光强度的比值。从图 3.18 中可以看出，当激发光波长为 400 nm 时，PLa/PLb 的比值为 6.3，其值远远大于理论计算的结果，原因在于，在激发光波长为 400 nm 时，电子处于 a、b 两样品的势阱中，但由于 a、b 样品的界面态不同，界面态在光致发光中起主要作用。

镶嵌在 Si_3N_4、SiO_2 介质中的硅纳米晶被包裹介质隔开，因为晶格不匹配（c-Si 和 SiO_2 之间失配比达 7%），特别是小晶粒多呈球状结构，表面曲率大。Si—Si 或 Si—O—Si 在界面处容易变成弱键或断开，所以界面态中主要有悬挂键、Si—O 键、Si—Si 弱键等，如图 3.20 所示。具体是哪一种界面态在光致发光中起主要作用，还需要进一步研究。相关文献指出[23][24]，硅纳米晶经过氢钝化之后，界面态中的悬挂键得到饱和，其光致发光强度得到大大提高。Wolkin 等人[25][26]研究了氧钝化对硅纳米晶光致发光的作用，得到硅纳米晶的光致发光经过氧钝化之后强度降低。

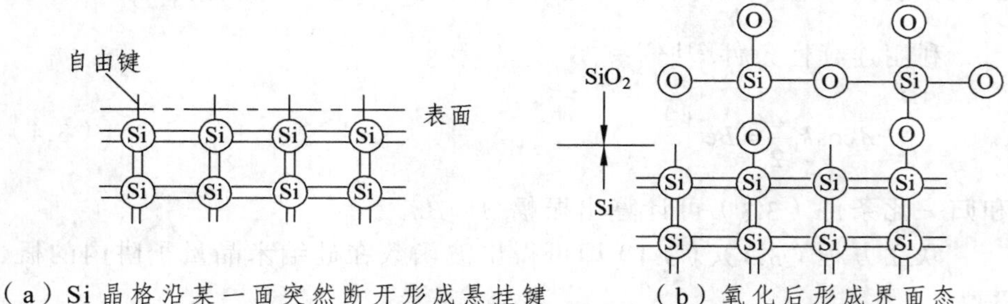

（a）Si 晶格沿某一面突然断开形成悬挂键　　（b）氧化后形成界面态

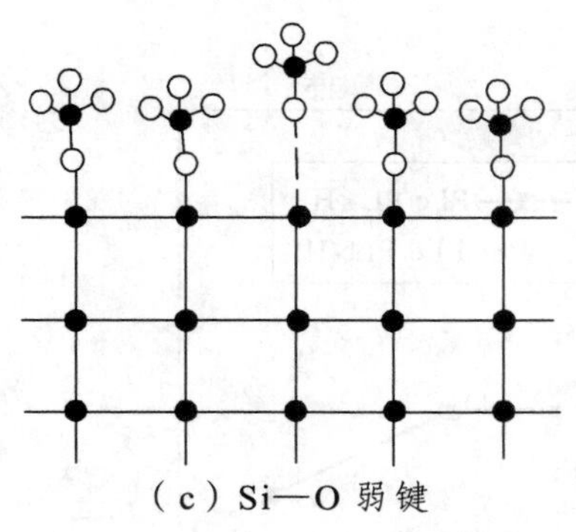
（c）Si—O 弱键

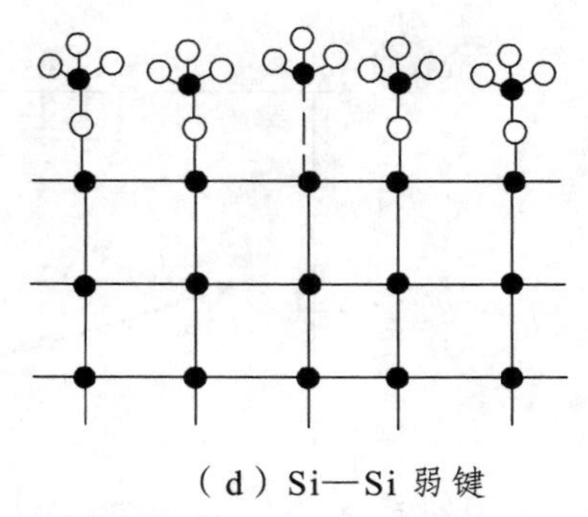
（d）Si—Si 弱键

图 3.20　Si 界面态示意图

如图 3.12 所示，4 种样品经过氢钝化之后，其光致发光强度都得到了提高。图 3.21、图 3.22 所示为 4 种样品经过氢钝化之后的光致发光强度的比值。从图中可以看出，氢钝化之后 PLa/PLb、PLa/PLc、PLc/PLd、PLd/PLb 4 个比值的变化趋势与钝化前一致，但其比值有所降低。在激发光波长为 400 nm 时，氢钝化之后 PLa/PLb 的比值约为 4.4，如果界面态主要由悬挂键组成，则经过氢钝化之后，在激发光波长为 400 nm 时，PLa/PLb 的比值应接近于理论计算值 1.2。同样，对于样品 c 和样品 d，它们的界面势垒相同，界面态不同，氢钝化之后悬挂键被饱和，PLc/PLd 比值应约等于 1，但实验结果的比值为 3.8，远远大于 1。因此，在界面态中，悬挂键不是主要的因素，而 Si、O 键才起着重要的作用。

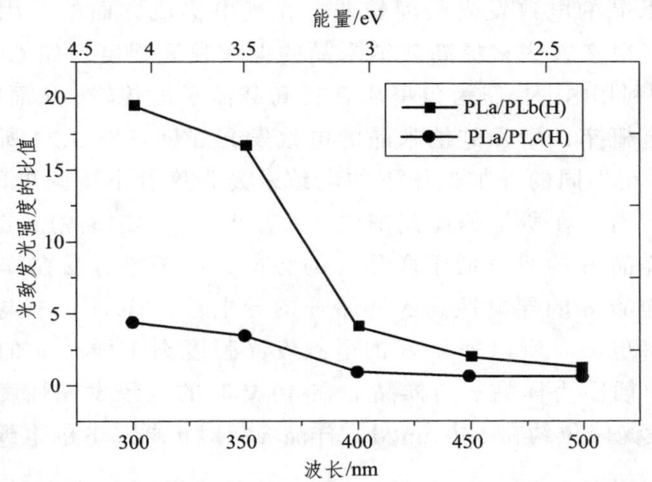

图 3.21　氢钝化后 PLa/PLb、PLa/PLc 随激发光波长的变化

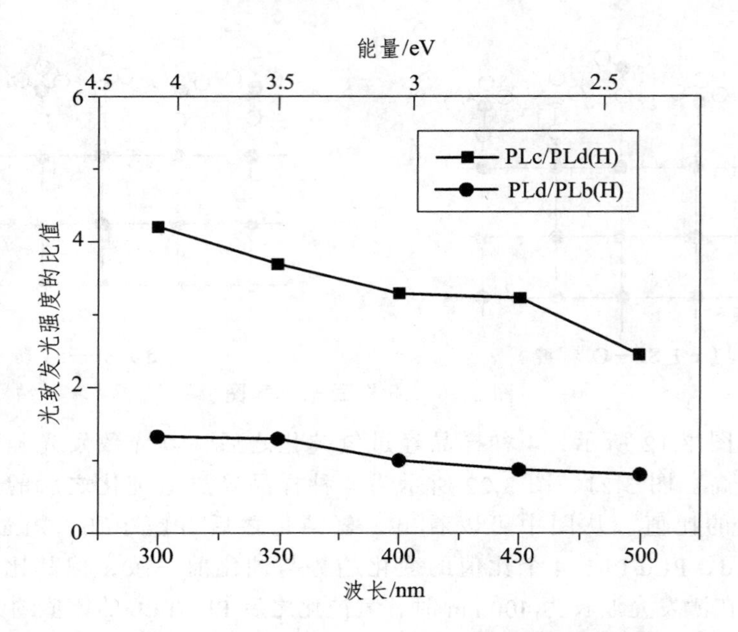

图 3.22 氢钝化后 PLc/PLd、PLd/PLb 随激发光波长的变化

通过以上分析得知，在硅纳米晶的光致发光中，界面势垒效应和界面态效应都起着非常重要的作用，而界面态中起主要作用的是 Si、O 键。

硅纳米晶的电致发光强度较弱，在光电集成方面的应用较少。目前，已经有很多方法来提高硅纳米晶的电致发光强度，如 Chul Huh 等人[27][28][29]利用 Si_3N_4 作为包裹层来提高载流子的传输，从而提高电子-空穴的复合概率，增强硅纳米晶的电致发光强度。图 3.23 所示为样品 a 和样品 b 在不同的外加偏压下的电致发光强度及电流强度的比值。从图中可以看出，在所加偏压范围内，I_a/I_b 小于 1，ELa/ELb 也小于 1。这是因为样品 b 的势垒低于样品 a 的势垒，电子更容易在样品 b 中传输，所以样品 b 的导电性高于样品 a 的导电性，样品 b 中电子和空穴复合的概率更大，所以样品 b 的电致发光强度高于样品 a 的电致发光强度。图中插图为样品 a 与样品 b 在 40 V 时的电致发光强度，两种样品的电致发光峰位约在 550 nm 处，样品 a 相对于样品 b 的电致发光峰位有红移。

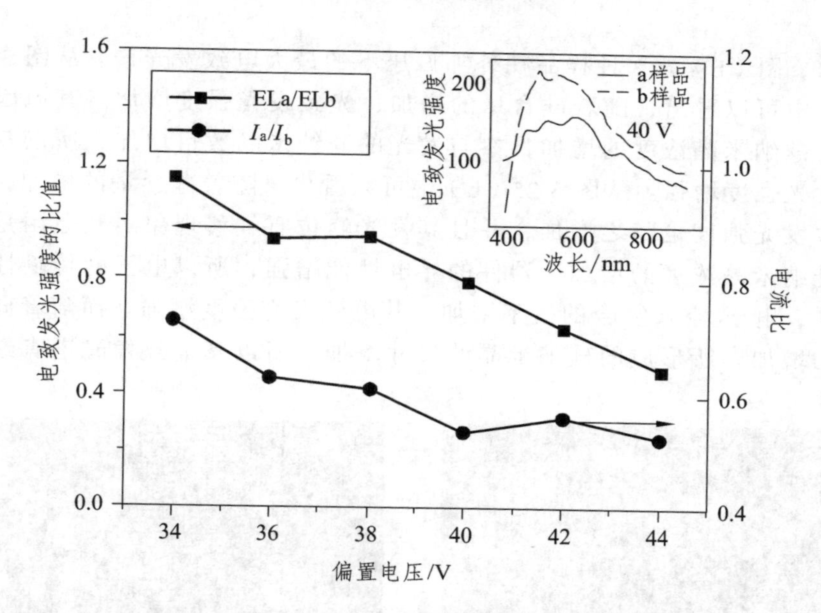

图 3.23　样品 a、b 的电致发光强度及电流的比值

3.4　其他因素对硅纳米晶电致发光强度的影响

3.4.1　硅纳米晶浓度对发光强度的影响

制备 SiO/SiO_2 多层样品来研究硅纳米晶浓度对发光强度的影响，其中 SiO 的厚度为 2 nm，SiO_2 的厚度为 1 nm，周期为 20 周期，然后通过混合蒸镀的方法在 SiO 中加入不同含量的 Si 来提高硅纳米晶的浓度。利用前面介绍的制备硅纳米晶的方法制备 3 个样品：样品 a 是 SiO/SiO_2；样品 b 是（Si+SiO）/SiO_2，其中 Si 与 SiO 的含量比为 1∶2；样品 c 是（Si+SiO）/SiO_2，其中 Si 与 SiO 的含量比为 1∶1。3 个样品中 Si 的含量逐渐增多。

图 3.24 所示为样品 a、c 的 HRTEM 图，其中图（a）为样品 a 的 HRTEM 图，图（b）为样品 c 的 HRTEM 图。随着 SiO 中 Si 含量的增加，硅纳米晶的浓度和尺寸逐渐增加，测量 3 种样品的光致发光和电致发光强度，其结果如图 3.25 所示。其中图（a）为 3 种样品的光致发

光谱，图（b）为 3 种样品在外加偏压下的最大电致发光谱。从图 3.25（a）中可以看出，随着硅含量的增加，光致发光强度增加。其原因是随着硅纳米晶浓度的增加，参与发光的硅纳米晶数目增加，所以其光致发光强度增强。从图 3.25（b）中可以看出，随着硅含量的增加，其电致发光强度也随之增加，并且其发光峰位有红移现象。其原因是随着硅纳米晶浓度的增加，器件的导电性能增强，所以电子的传输性能增强，电子-空穴复合的概率增加，其电致发光强度增强。而随着硅含量的增加，所形成的硅纳米晶的尺寸增加，所以其电致发光谱有红移现象。

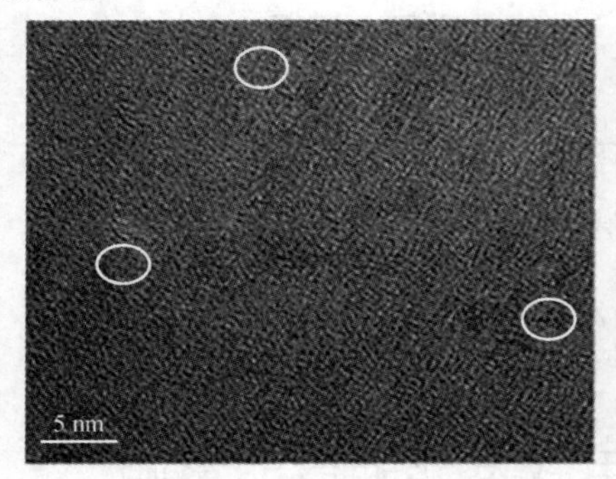

（a）样品 a 的 HRTEM 图　　（b）样品 c 的 HRTEM 图

图 3.24　样品 a、c 的 HRTEM 图

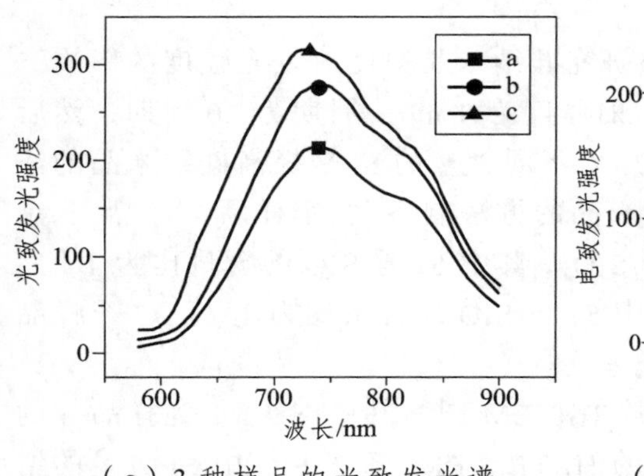

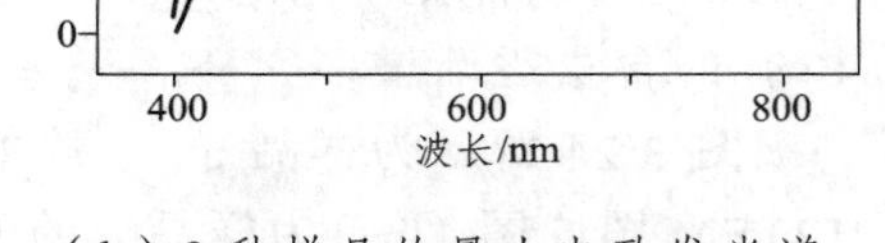

（a）3 种样品的光致发光谱　　（b）3 种样品的最大电致发光谱

图 3.25　不同硅纳米晶浓度的发光谱

3.4.2　衬底电阻率对硅纳米晶电致发光强度的影响

提高硅纳米晶的电致发光强度，使其样品中的电子-空穴对的复合概率提高。利用电阻率较低的 p-Si 作为衬底材料，使外加电压尽可能地作用在硅纳米晶样品上，从而提高硅纳米晶的电致发光强度。

实验中，采用电阻率不同的 p-Si<1 0 0>（10 mm×10 mm×0.5 mm，0.1 ~ 0.5 Ω·cm）和 p-Si<1 0 0>（10 mm×10 mm×0.5 mm，0.5 ~ 1.0 Ω·cm）作为衬底材料，然后在衬底上制备 SiO/Si 多层结构。其中，SiO 的厚度为 2 nm，Si 的厚度为 1 nm，样品的周期为 10 周期。

测量两样品在外加偏压下的电致发光谱和 *I-V* 曲线，如图 3.26、图 3.27 所示。图 3.26 为电压在 28 V 时两样品的电致发光强度，从图中可以看出，电阻率大的衬底材料上的电致发光强度值高于电阻率小的衬底材料上的电致发光强度，说明外加的偏压大部分都作用在硅纳米晶薄膜上，但 *I-V* 曲线的变化规律刚好与电致发光强度的变化规律相反，即电阻率低的样品上的电流值大于电阻率高的样品上的电流值。其原因是在同样的偏压之下，尽管电阻率低的样品上的电压降大，但这些电压降可能以声子的形式产生热量，从而不利于硅纳米晶的电致发光，所以电致发光强度较低。或由于电致发光的峰位和峰高存在电压选择性，对于电阻率不相同的两样品，作用在硅纳米晶薄膜上的电压不同，电致发光强度也不相同[30][31][32]。因此，降低衬底材料的电阻率未必能提高硅纳米晶的电致发光强度。

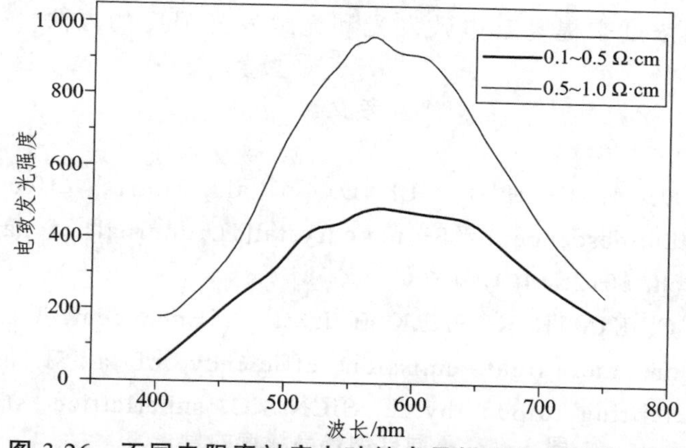

图 3.26　不同电阻率衬底上硅纳米晶样品的电致发光谱

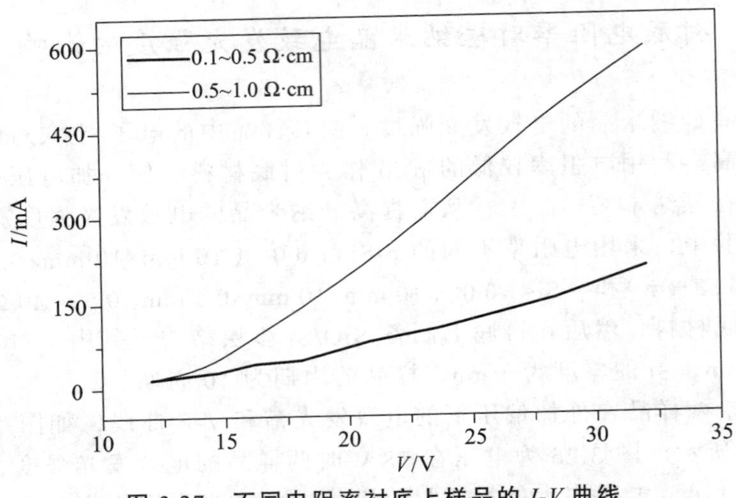

图 3.27 不同电阻率衬底上样品的 I-V 曲线

3.5 本章小结

本章通过在 SiO_2、Si_3N_4 基体中制备 4 种样品来研究界面效应在硅纳米晶发光中的影响，测量不同激发光能量下 4 种样品的光致发光谱，得出界面效应在光致发光中起主要作用；同时通过氢钝化得到界面态中起主要作用的是 Si、O 键，而不是悬挂键。Si_3N_4 的势垒低，有利于载流子的传输，所以其电致发光强度高。最后，本章还研究了通过提高硅纳米晶浓度来提高其电致发光和光致发光强度的方法。

参考文献

[1] ZHU J, HAO H C, LI D, et al. Matrix effect on the photoluminescence of Si nanocrystal[J]. Journal of nanoparticle research, 2012, 14(9): 1-7.

[2] HUH C, KIM B K, PARK B J, et al. Enhancement in electron transport and light emission efficiency of a Si nanocrystal light-emitting diode by a SiCN/SiC superlattice structure[J]. Nanoscale Research Letters, 2013, 8: 14.

[3] RAJESH C, PRAMOD M R, PATIL S, et al. Reduction in surface recombination through hydrogen and 1-heptene passivated silicon nanocrystals film on silicon solar cells[J]. Solar energy, 2012, 86: 489-495.

[4] YUAN Z, PUCKER G, MARCONI A, et al. Silicon nanocrystals photoluminescence down shifter for solar cells[J]. Solar Energy Materials & Solar Cells, 2011, 95: 1224-1247.

[5] WANG M, ANOPCHENKO A, MARCONI A, et al. Light emitting devices based on nanocrystalline-silicon multilayer structure[J]. Physica E, 2009, 41: 912-915.

[6] FRANZò G, IRRERA A, MOREIRA E C, et al. Electroluminescence of silicon nanocrystals in MOS structures[J]. Applied Physics A, 2002, 74: 1-5.

[7] CREAZZO T, REDDING B, MARCHENA E, et al. Tunable photoluminescence and electroluminescence of size-controlled silicon nanocrystals in nanocrystalline-Si/SiO_2 superlattices[J]. Journal of Luminescence, 2010, 130: 631-636.

[8] LI D, CHEN Y B, REN Y, et al. A multilayered approach of Si/SiO to promote carrier transport in electroluminescence of Si nanocrystals[J]. Nanoscale Research Letters, 2012, 7: 200.

[9] CARTIER E, STATHIS J H, BUCHANAN D A, et al. Passivation and depassivation of silicon dangling bonds at the Si/SiO_2 interface by atomic[J]. Applied Physics Letters, 1993, 63: 1510-1512.

[10] WANG D C, CHEN J R, ZHU J, et al. On the spectral difference between electroluminescence and photoluminescence of Si nanocrystals: a mechanism study of electroluminescence[J]. Journal of Nanoparticle Research, 2013, 15: 1-7.

[11] DING L, CHEN T P, LIU Y, et al. The influence of the implantation dose and energy on the electroluminescence of Si+ implanted amorphous SiO_2 thin films[J]. Nanotechnology, 2007, 18: 455306.

[12] SHINIZU-IWAYAMA T , HOLE D E, BOYD I W, et al. Mechanism of photoluminescence of Si nanocrystals in SiO_2 fabricated by ion

implantation: the role of interaction of nanocrystals and oxygen[J]. Journal of Physics Condensed Matter, 1999, 11: 6595.

[13] WOLKIM M V, JORNE J, FAUCHET P M, et al. Electronic states and luminescence in porous silicon quantum dots: the role of oxygen[J]. Physical Review Letters, 1999, 82: 197-200.

[14] KAMYAB L, RUSLI, YU M B, et al. Electroluminescence from amorphous-SiNx: H/SiO_2 multilayers using lateral carrier injection[J]. Applied physics letters, 2011, 98: 909.

[15] RINNERT H, VERGNAT M. Influence of the barrier thickness on the photoluminescence properties of amorphous Si/SiO multilayers[J]. Journal of Luminescence, 2005, 113: 64-68.

[16] PARK N M, KIM T S, PARK S J, et al. Band gap engineering of amorphous silicon quantum dots for light-emitting diodes[J]. Applied Physics Letters, 2001, 78(17): 2575-2577.

[17] SATO K, HIRAKURI K. Three primary color luminescence from natively and thermally oxidized nanocrystalline silicon[J]. Journal of Vacuum Science & Technology B, 2006, 24: 604-607.

[18] PRASAD P N. Nanophotonics[M]. New Jersey: Wiley & Sons, 2004.

[19] 刘恩科. 半导体物理学[M]. 7 版. 北京：电子工业出版社，2011.

[20] 沈学础. 半导体光谱和光学性质[M]. 北京：科学出版社，2003.

[21] WOLKIN M V, JORNE J, FAUCHET P M, et.al. Electronic states and luminescence in porous silicon quantum dots: the role of oxygen[J]. Physical Review Letters, 1999, 82: 197-200.

[22] SHIMIZU-IWAYAMA T, HOLE D E, BOYD I W, et al. Mechanism of photoluminescence of Si nanocrystals in SiO2 fabricated by ion implantation: the role of interaction of nanocrystals and oxygen[J]. Journal of Physics Condensed Matter, 1999, 11: 6595.

[23] CHEN X, PI X, YANG D, et al. Bonding of Oxygen at the Oxide/Nanocrystal Interface of Oxidized Silicon Nanocrystals: An Ab Initio Study[J]. Journal of Physical Chemistry C, 2010, 114: 8748-8781.

[24] SAKURAI Y. Effect of thermal heat treatment on oxygen-

deficiency-associated defect centers: Relation to 1.8eV photoluminescence bands in silica glass[J]. Journal of Applied physics, 2004, 95: 543-546.

[25] WOLKIN M V, JORNE J, FAUCHER P M, et al. Electronic states and luminescence in porous silicon quantum dots: the role of oxygen[J]. Physical Review Letters, 1999, 82: 197-200.

[26] YABLO NOVITCH E, ALLARA D L, CHANG C C, et al.Unusually Low Surface-Recombination Velocity on Silicon and Germanium Surfaces[J]. Physical Review Letters, 1986, 57: 249.

[27] HUH C, KIM B K, PARK B J, et al. Enhancement in electron transport and light emission efficiency of a Si nanocrystal light-emitting diode by a SiCN/SiC superlattice structure[J]. Nanoscale Research Letters, 2013, 8: 14.

[28] LIN G R, LIN C J, LIN C K, et al. Oxygen defect and Si nanocrystal dependent white-light and near-infrared electroluminescence of Si-implanted and plasma-enhanced chemical-vapor deposition-grown Si- rich SiO_2[J]. Journal of applied physics, 2005, 97: 1806.

[29] QIN G G, WANG Y Q, QIAO Y P, et al. Synchronized swinging of electroluminescence intensity and peak wavelength with Si layer thickness in Au/SiO_2/nanometer Si/SiO_2/P-Si structures[J]. Applied physics letters, 1999, 74: 2182-2184.

[30] SHIMIZU-IWAYAMA T, HOLE D E, BOYD I W, et al. Mechanism of photoluminescence of Si nanocrystals in SiO_2 fabricated by ion implantation: the role of interaction of nanocrystals and oxygen[J]. Journal of Physics Condensed Mater, 1999, 11: 6595-6604.

[31] FRANZò G, IRRERA A, MOREIRA E C, et al. Electroluminescence of silicon nanocrystals in MOS structures[J]. Applied Physics A, 2002, 74: 1-5.

[32] MORALES-SANCHEZ A, BARRETO J, DOMINGUEZ C, et al. The mechanism of electrical annihilation of conductive paths and charge trapping in silicon-rich oxides[J]. Nanotechnology, 2009, 20: 045201.

4 场效应在硅纳米晶电致发光中的增强研究

从第 2 章的研究中得出，提高硅纳米晶的电致发光强度，其主要方法是如何使载流子（电子和空穴）能较容易地注入硅纳米晶中。相关文献提到[1][2][3][4]提高硅纳米晶的电致发光强度的方法，如提高硅纳米晶的密度、降低界面势垒的高度、设计新的载流子传输通道等。这些方法的主要目的是优化有源层界面势垒的电荷隧穿，从而提高硅纳米晶的电致发光强度。李丁等人[5][6]通过采用多层样品来提高硅纳米晶的发光强度，如图 4.1 所示。图中发光层由 Si 和 SiO 交替生长构成，采用 Al 作为金属电极。

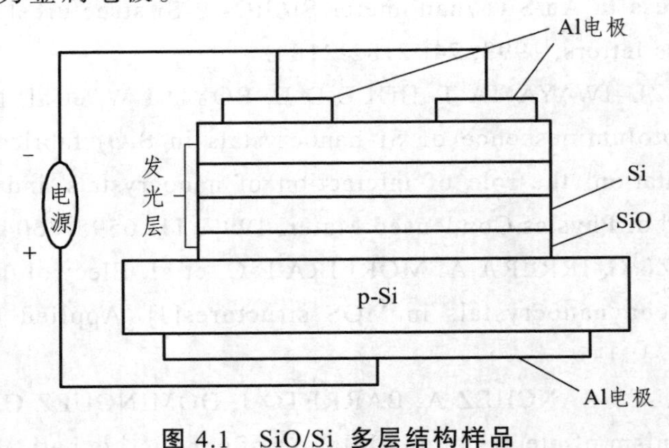

图 4.1　SiO/Si 多层结构样品

同时，为了进一步比较多层样品提高硅纳米晶发光强度的作用，特制备了两组样品：（1）多层样品，命名为 multi，40 周期，SiO/Si

多层结构，每层厚度分别为 3.75 nm 和 1 nm；（2）单层样品，命名为 single，SiO 和 Si 以 3.75∶1 的比例同时蒸镀到衬底上，SiO 总厚度为 150 nm，Si 总厚度为 40 nm，得到如图 4.2 所示的结果。

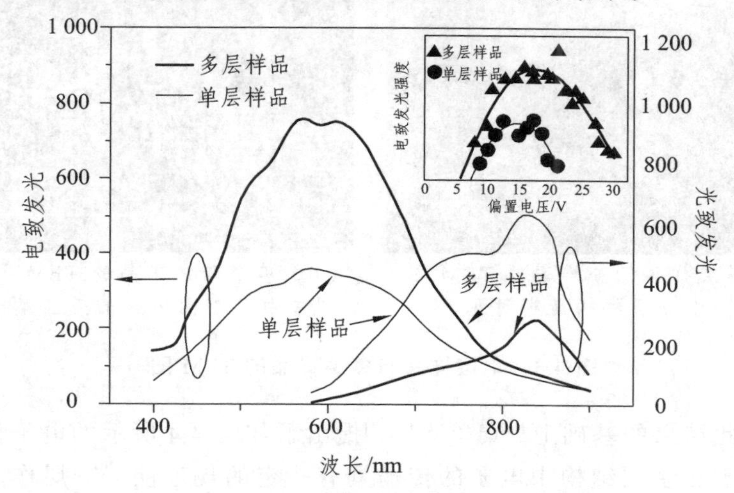

图 4.2　多层与单层样品的光致发光与电致发光

从图 4.2 中可知，单层样品的光致发光强度大概是多层样品的 2.5 倍，即单层样品含更多的硅纳米晶。高分辨率的透射电子显微镜谱（TEM）也证明了这一点，如图 4.3 所示。从图 4.3 中可知，单层样品硅纳米晶的数量明显比多层样品多，并且排列是混乱的。但从图 4.2 中可知，多层样品的电致发光是单层样品的 2.1 倍。

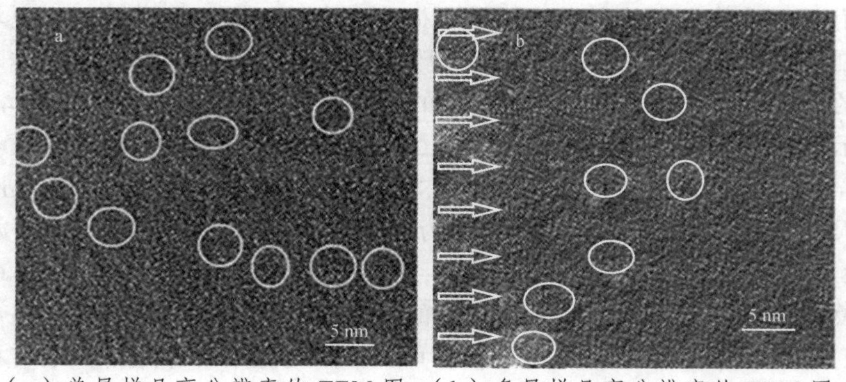

（a）单层样品高分辨率的 TEM 图　（b）多层样品高分辨率的 TEM 图，箭头所指为硅层所在的位置

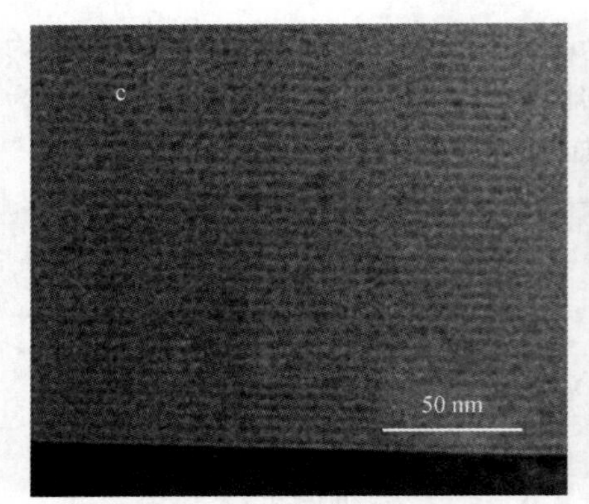

（c）多层样品低分辨率的 TEM 图，图中分层结构清晰可见

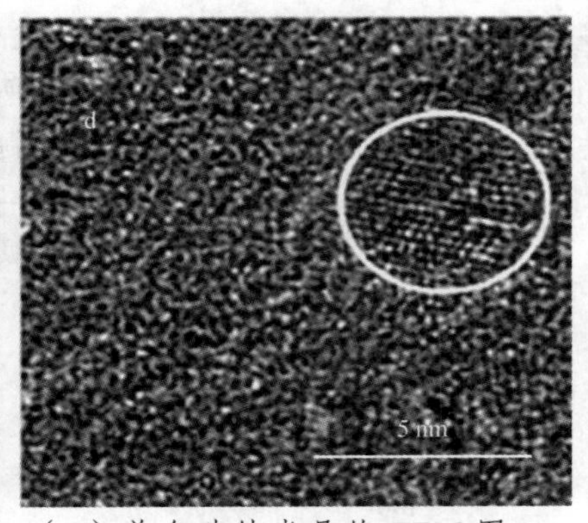

（d）单个硅纳米晶的 TEM 图，图中白色圈圈出来的是硅纳米晶

图 4.3　单层样品与多层样品的 TEM 图

在此结果的基础上，秦等人[7][8]提出了如图 4.4 所示的电子传输模型。由于在多层结构中电子的传输具有一定的规范性，硅层作为一个载流子通道，可以大大提高载流子在样品中的传输效率，从而获得更强的电致发光强度。但通过此方法提高的硅纳米晶的电致发光强度仍然较低，无法实现实用的硅基发光二极管。因此在本章中，将场效应加入硅纳米晶的发光二极管中，提高硅纳米晶电荷注入区域中电荷的传输，从而提高硅纳米晶的电致发光强度。

由于电场对半导体内载流子的吸引或排斥作用，从而在半导体表面附近产生载流子的积累或耗尽，把这种半导体表面电导受垂直电场调制的效应称为场效应。Hoex 等人[9][10][11][12]研究了 Al_2O_3 对硅晶体表面的钝化作用，并采用原子层沉积的方法制备 Al_2O_3，得到了如图 4.5 所示的结果，即 7 nm 和 13 nm 的 Al_2O_3 的钝化效果高于 26 nm 的 Al_2O_3。同样，Glunz 等人[13][14][15][16]研究了 SiO_2 对 Si 表面的钝化作用。Schmidt 等人[17][18][19]应用 SiO_2 和 Al_2O_3 作为硅太阳能电池的钝化层，得到了如图 4.6 所示的结果，从图中可以看出，在太阳能电池中加入 SiO_2 和 Al_2O_3 场效应层后，增加了电池中载流子的传输，从而提高了电池的短路电流，增强了 p-n 结的内建电场，从而提高了电池的开路电压，最终提高了太阳能电池的光电转换效率。

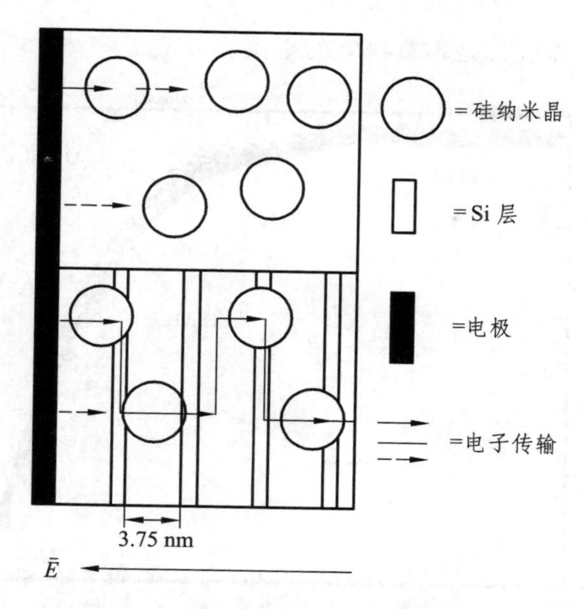

图 4.4　载流子在两种样品中的传输模型

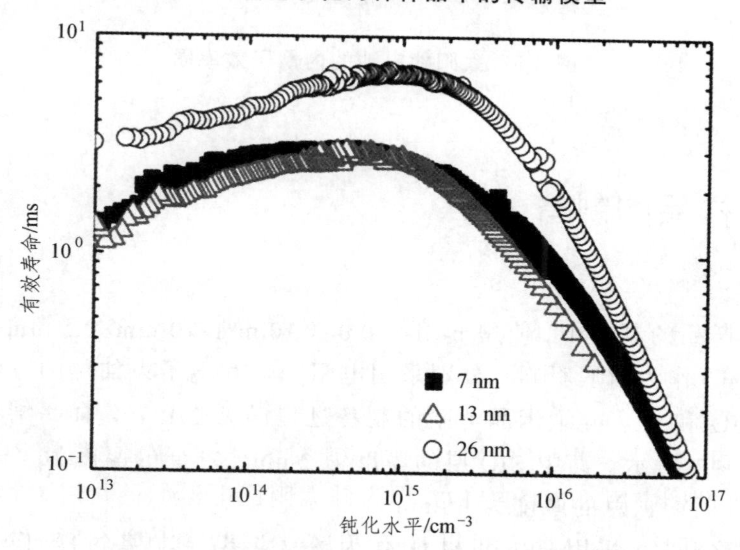

图 4.5　有效寿命与 Al_2O_3 厚度的关系图

将场效应作用于太阳能电池中，可提高电池的效率。至于将场效应层 i-Si 和 Al_2O_3 加入硅纳米晶发光二极管器件中，是否可以提高器件的电致发光强度，是本章研究的重点。

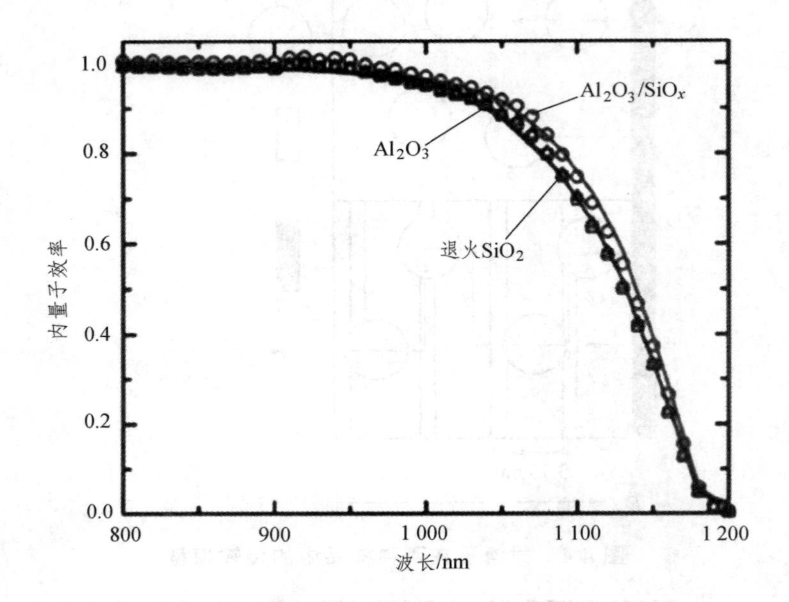

图 4.6 太阳能电池的内量子效率图

4.1 样品的制备

在样品的制备中，使用 p-Si<1 0 0>（10 mm×10 mm×0.5 mm，0.5～1 Ω·cm）作为衬底材料，分别采用电阻加热和电子束加热的方法交替蒸镀 SiO 和 Si。硅纳米晶薄膜的制备过程详见 2.1 节，样品结构示意图如图 4.7 所示。其中 SiO 层的厚度为 2 nm，Si 层的厚度为 1 nm，周期为 20 周期，总的厚度为 60 nm。

实验中主要采用 i-Si 和 Al_2O_3 作为场效应层，其制备过程如下[20][21]：

（1）i-Si 层的制备：将制备好的 SiO/Si 多层样品放入真空室中，利用电子束加热的方法，将纯度为 99.99%的 i-Si 层蒸镀到薄膜上，在制备过程中，蒸镀速率保持在 0.2 Å/s，蒸镀厚度通过晶振进行控制。

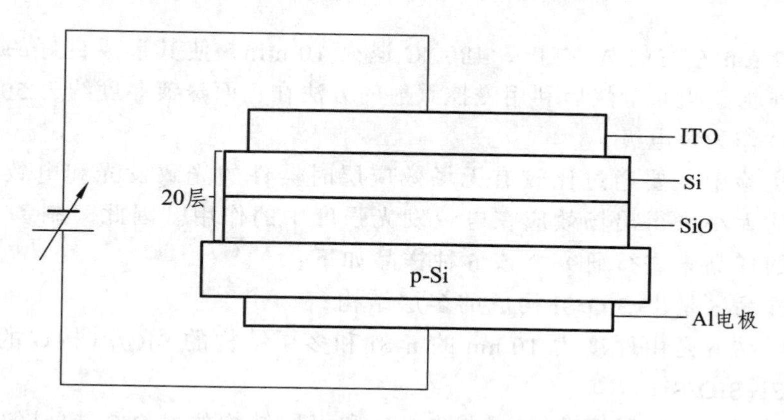

图 4.7 SiO/ Si 多层样品结构示意图

（2）Al_2O_3层的制备：将清洗好的 p-Si 衬底放入真空室中，利用电子束加热的方法制备 Al_2O_3层，在制备过程中，蒸镀速率保持在 0.4 Å/s，蒸镀厚度通过晶振进行控制。然后在制备好的 Al_2O_3 层上利用电阻加热和电子束加热的方法交替制备 SiO/Si 样品。

加入场效应层后样品的结构示意图如图 4.8 所示，其中图（a）为在有源层（Active Layer，经过热退火所形成的 Si-nc：SiO_2层）与 ITO 之间加入 i-Si 层后的结构示意图，图（b）为在 p-Si 与有源层之间加入 Al_2O_3层后的结构示意图。

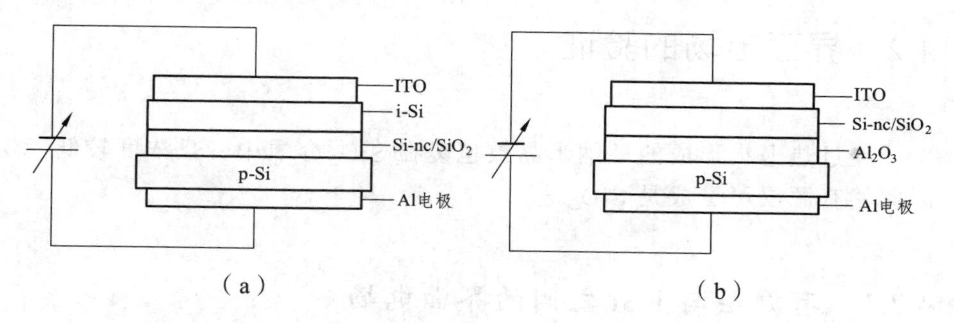

图 4.8 加入场效应层后器件的结构示意图

（3）导电膜 ITO 层的制备：为了增加发光面积，在本实验中采用氧化铟锡（ITO）作为负电极。ITO 是一种透明导电膜[22][23]，因此，采用透明的 ITO 作为负电极能大大增加透光面积，使得电致发光强度得到很大提高。在制备好硅纳米晶薄膜的样品上，首先在背面蒸镀厚度为 2 μm 左右的 Al 电极，480 °C 退火 10 min，使其形成良好的欧姆接触作为正电极，然后利用磁控溅射的方法在正面蒸镀厚度约为 500 nm 的 ITO 作为负电极。

实验中主要通过比较有无场效应层时器件的光致发光和电致发光强度的大小来得出场效应在电致发光强度中的作用。因此，制备 6 种不同的样品来进行研究，该 6 种样品如下：

样品 a 是由 SiO/Si 构成的多层结构；

样品 b 是由厚度为 10 nm 的 n-Si 和多层结构的 SiO/Si 构成的，记为 n-Si+SiO/Si；

样品 c 是由厚度为 10 nm 的 i-Si 和多层结构的 SiO/Si 构成的，记为 i-Si+SiO/Si；

样品 d 是由多层结构的 SiO/Si 和厚度为 7 nm 的 Al_2O_3 构成的，记为 SiO/Si+ Al_2O_3；

样品 e 是由厚度为 10 nm 的 i-Si、多层结构的 SiO/Si 和厚度为 7 nm 的 Al_2O_3 构成的，记为 i-Si+SiO/Si+ Al_2O_3；

样品 e′是由厚度为 10 nm 的 i-Si、多层结构的 SiO/Si 和厚度为 15 nm 的 Al_2O_3 构成的，记为 i-Si+SiO/Si+ Al_2O_3。

4.2 界面电场的验证

经过热退火形成的硅纳米晶被包裹在 SiO_2 介质中，且浓度较低，因此，有源层可看成是 SiO_2。

4.2.1 有源层与 i-Si 之间的界面电场

在厚度为 0.5 mm、大小为 10 mm×10 mm、电阻率为 0.5 ~ 1 Ω · cm 的 i-Si 片上用电子束加热的方法制备厚度为 10 nm 的 SiO_2，经过 1 100 °C 的热退火后，在 i-Si 片背面蒸镀 2 μm 的 Al，在 SiO_2 上面蒸镀 2 μm 的 Al 作为电极[24][25]，其结构示意图如图 4.9 所示。然后测量

其 *I-V* 曲线，测试过程中 i-Si 接正电极，SiO_2 接负电极，得到如图 4.10 所示的 *I-V* 曲线。

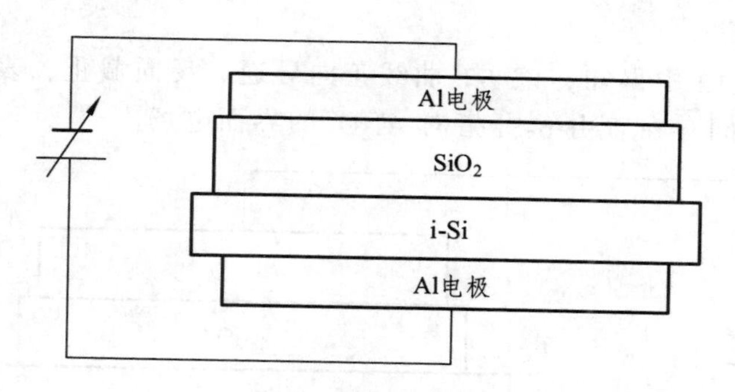

图 4.9 有源层与 i-Si 结构示意图

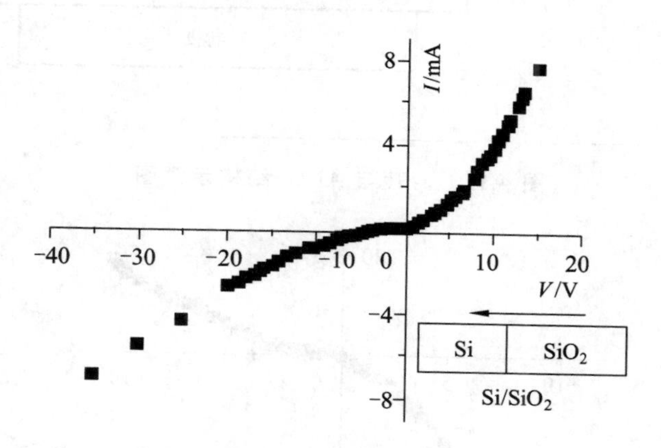

图 4.10 有源层与 i-Si 的 *I-V* 曲线

从图 4.10 中可以看出，该 *I-V* 曲线正向导通，反向截止，表明在 i-Si 与 SiO_2 之间存在着由 SiO_2 指向 i-Si 层的界面电场。

4.2.2 p-Si 与 Al_2O_3 之间的界面电场

在厚度为 0.5 mm、大小为 10 mm×10 mm、电阻率为 0.5 ~ 1 Ω·cm 的 p-Si 片上用电子束加热的方法制备厚度为 10 nm 的 Al_2O_3，经过 1 100 °C 的热退火后，在 p-Si 片背面蒸镀 2 μm 的 Al，在 Al_2O_3 上面蒸

镀 2 μm 的 Al 作为电极，其结构示意图如图 4.11 所示。然后测量其 *I-V* 曲线，测试过程中 Al_2O_3 接正电极，p-Si 接负电极，得到如图 4.12 所示的 *I-V* 曲线。

从图 4.12 中得知，该 *I-V* 曲线正向导通，反向截止，表明在 p-Si 与 Al_2O_3 之间存在着由 p-Si 指向 Al_2O_3 的界面电场。

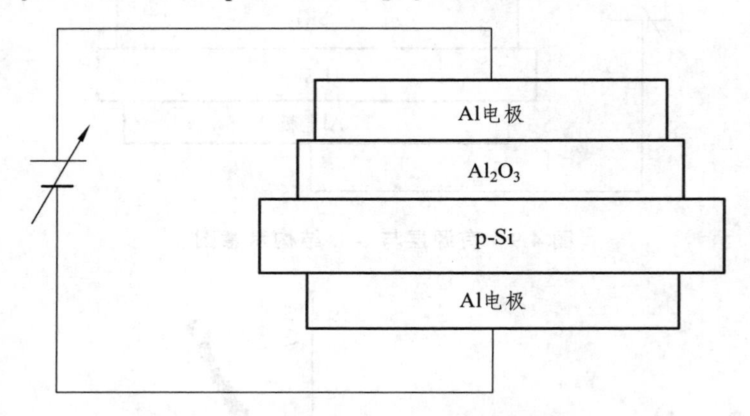

图 4.11　p-Si 与 Al_2O_3 结构示意图

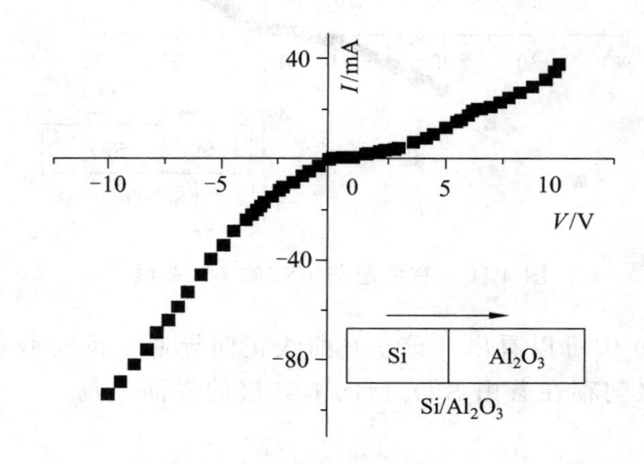

图 4.12　p-Si 与 Al_2O_3 的 *I-V* 曲线

4.2.3　有源层与 Al_2O_3 之间的界面电场

在厚度为 0.5 mm、大小为 10 mm×10 mm 的 Al 片上用电子束加热的方法制备厚度为 10 nm 的 SiO_2，然后在蒸镀的 SiO_2 上蒸镀 10 nm 的 Al_2O_3，最后在 Al_2O_3 上蒸镀 2 μm 的 Al 作为电极，其结构示意图如图 4.13 所示。测量其 *I-V* 曲线，测试过程中 Al_2O_3 接正电极，SiO_2 接负电极，得到如图 4.14 所示的 *I-V* 曲线。

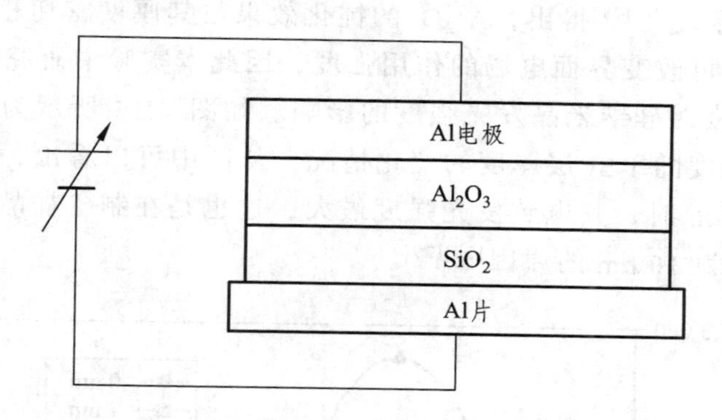

图 4.13　有源层与 Al_2O_3 结构示意图

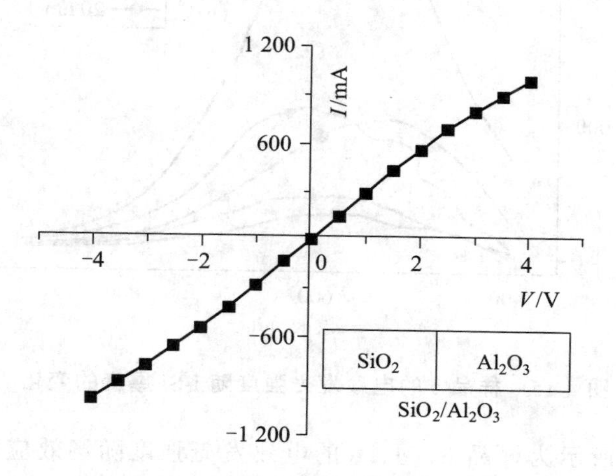

图 4.14　有源层与 Al_2O_3 的 *I-V* 曲线

该 *I-V* 曲线与电阻的 *I-V* 曲线一致，表明在有源层与 Al_2O_3 之间无界面电场存在。通过以上分析得出，将 i-Si 与 Al_2O_3 加入含硅纳米晶的发光二极管中只存在着两个界面电场。在后面的讨论中，将有源层与 i-Si 之间的界面电场记为 F_1，p-Si 与 Al_2O_3 之间的界面电场记为 F_2。

4.3 场效应层厚度的优化

Hoex 等人[26][27]得出，Al_2O_3 的钝化效果与其厚度密切相关，场效应层的厚度可改变界面电场的作用强度，因此本实验中研究了 i-Si 和 Al_2O_3 的厚度对硅纳米晶发光强度的影响。如图 4.15 所示为样品 c 的电致发光强度随 i-Si 层厚度的变化情况，从图中可以看出，当 i-Si 的厚度为 10 nm 时，其电致发光强度最大，这也是在制备样品 c 时选择 i-Si 层厚度为 10 nm 的原因[28][29]。

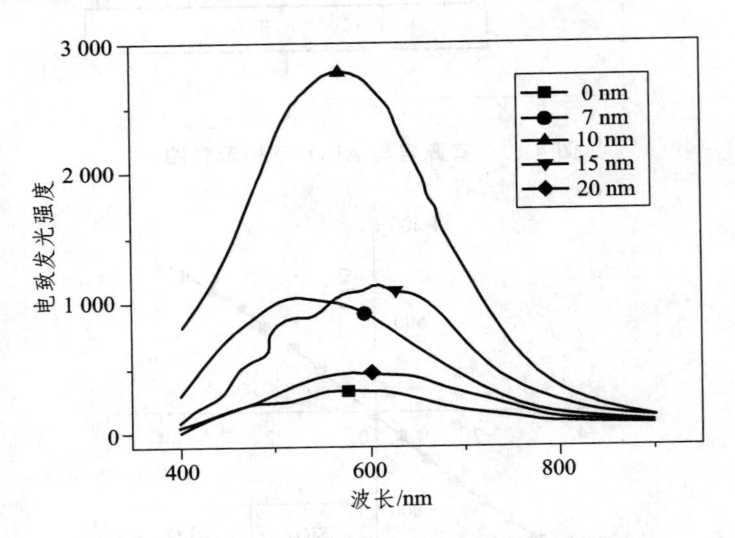

图 4.15 样品 c 的电致发光强度随 i-Si 厚度的变化

图 4.16 所示为样品 c、d、e 的电致发光强度随场效应层厚度的变化关系。从图 4.16（a）中可以看出，Al_2O_3 所对应的最大电致发光强度的厚度为 7 nm，所以在样品 d 中，Al_2O_3 的厚度为 7 nm。而从图 4.16（b）中可以看出，样品 e 的最大电致发光强度所对应的 Al_2O_3 厚度值为 15 nm，而不是 Al_2O_3 单独作用于器件时的最佳厚度值 7 nm，其原因后面章节将具体分析。

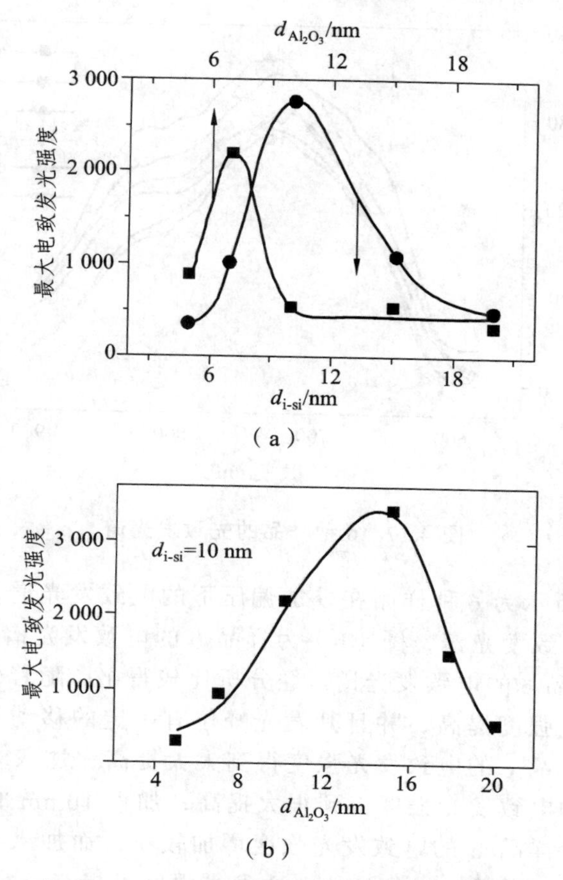

图 4.16　样品 c、d、e 最大电致发光强度随厚度的变化关系

4.4　样品的光致发光和电致发光强度

图 4.17 所示为 6 种样品在激发光波长为 300 nm、扫描速率为 1 200 nm/min、激发光缝宽为 5 mm、收集光缝宽为 5 mm、光电倍增管电压为 700 V 的条件下测试的光致发光谱，从图中可以看出，6 种样品的发光峰位均在 730 nm 左右处，光致发光强度基本相同。其原因在于加入 i-Si 和 Al_2O_3 后并没有提高样品中硅纳米晶的浓度，而硅纳米晶的光致发光与其自身相关，所以光致发光强度保持不变。

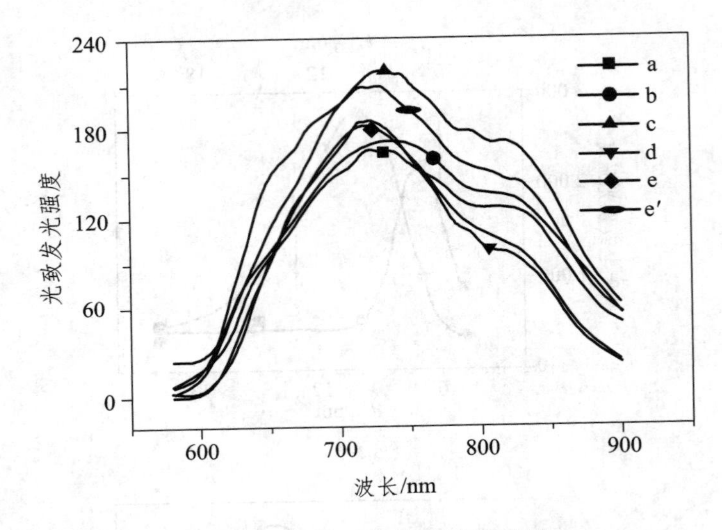

图 4.17　6 种样品的光致发光谱

图 4.18 所示为 6 种样品在外加偏压下的电致发光谱，其中图（a）为样品 a 的电致发光谱，图（b）为样品 b 的电致发光谱，以此类推，图（e′）为样品 e′的电致发光谱。经分析比较得出，随着外加偏压的增加，电致发光强度提高，并且其发光峰位有一定的移动；加入 10 nm 的 i-Si 后，样品 c 的电致发光强度得到大大提高；加入 7 nm 的 Al_2O_3 后，样品 d 的电致发光强度得到很大提高；加入 10 nm 的 i-Si 和 7 nm 的 Al_2O_3 后，样品 e 的电致发光强度增加较小；而加入 10 nm 的 i-Si 和 15 nm 的 Al_2O_3 后，样品 e′的电致发光强度可提高一个数量级。

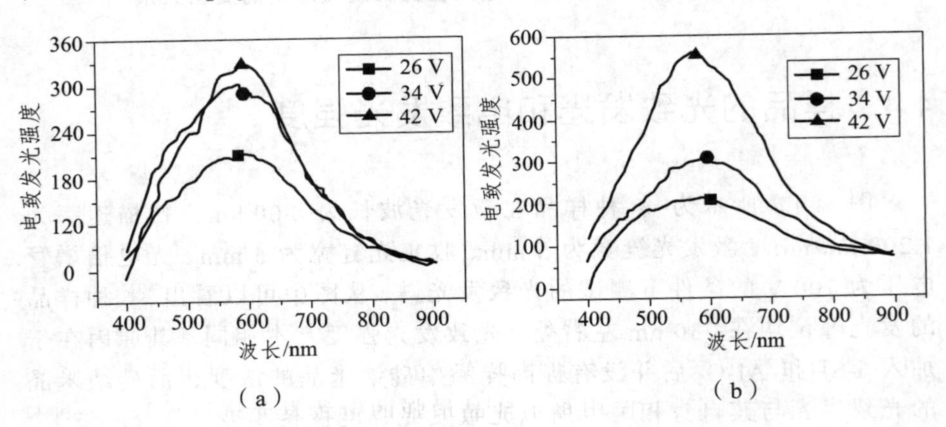

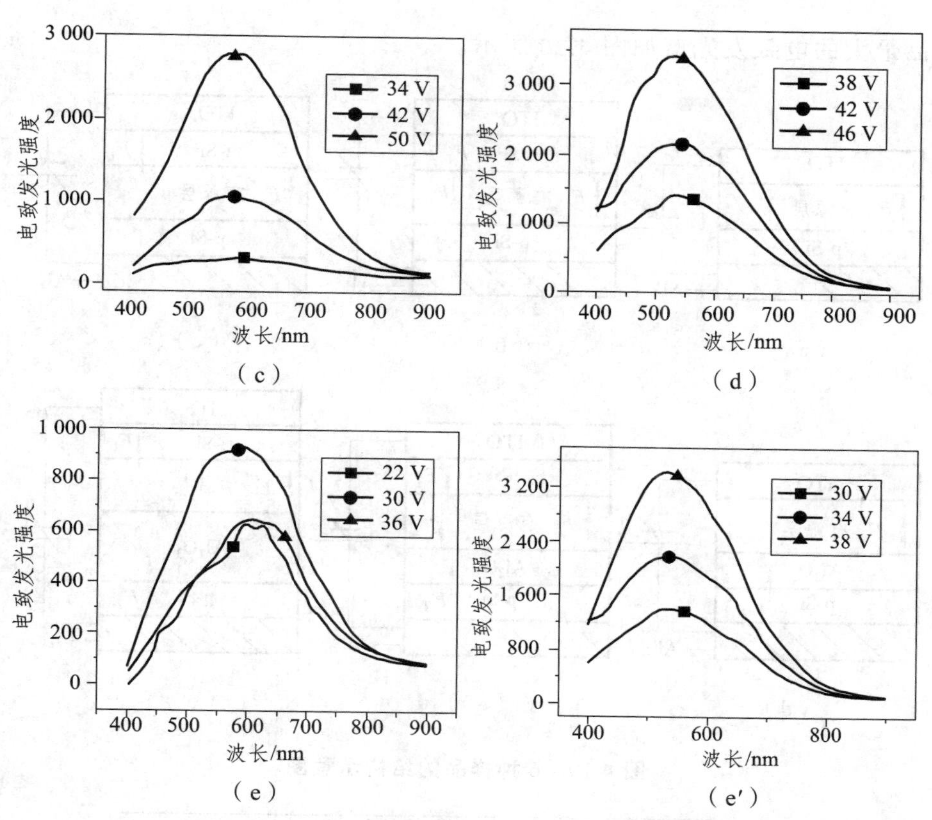

图 4.18　6 种样品在不同外加偏压下的电致发光谱

4.5　场效应对硅纳米晶电致发光强度的增强研究

6 种样品的结构示意图如图 4.19 所示，图中 p-Si 为衬底；Active Layer 为由 Si-nc：SiO_2 组成的有源层；F 为外加电场，方向竖直向上；F_1 为有源层与 i-Si 之间的界面电场；F_2 为 p-Si 与 Al_2O_3 之间的界面电场；F_{pn} 为内建电场。

从图 4.18 中可知，硅纳米晶的电致发光峰位和强度随着外加电压的增加而发生改变[30][31]，即电致发光的峰位和强度对电压具有选择性，因此，在研究中，使用每个样品最强的电致发光进行比较，6 种样品最大的电致发光谱如图 4.20 所示。

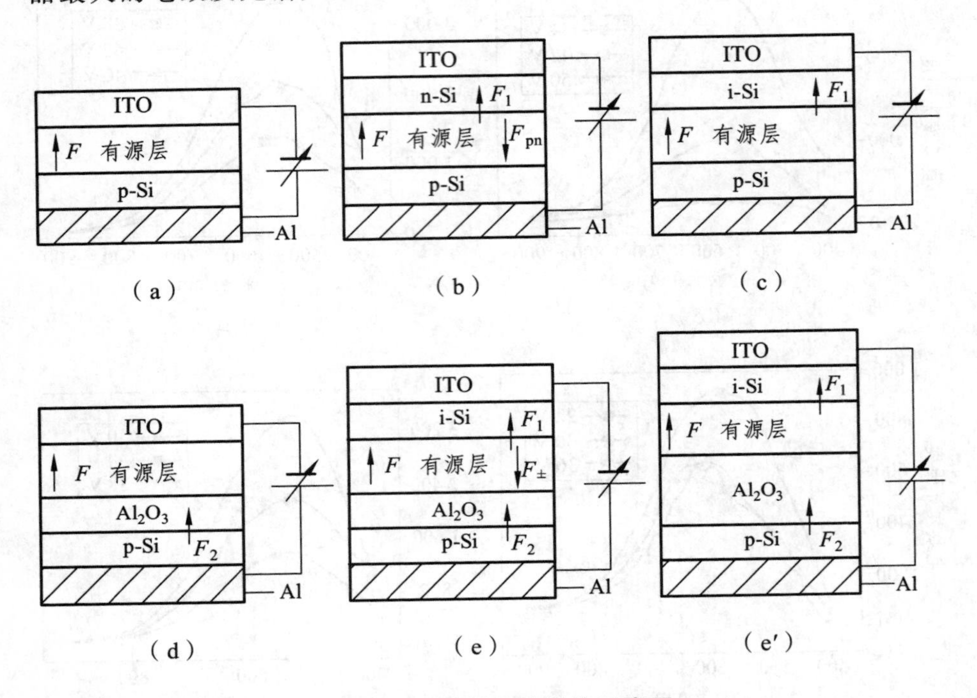

图 4.19　6 种样品的结构示意图

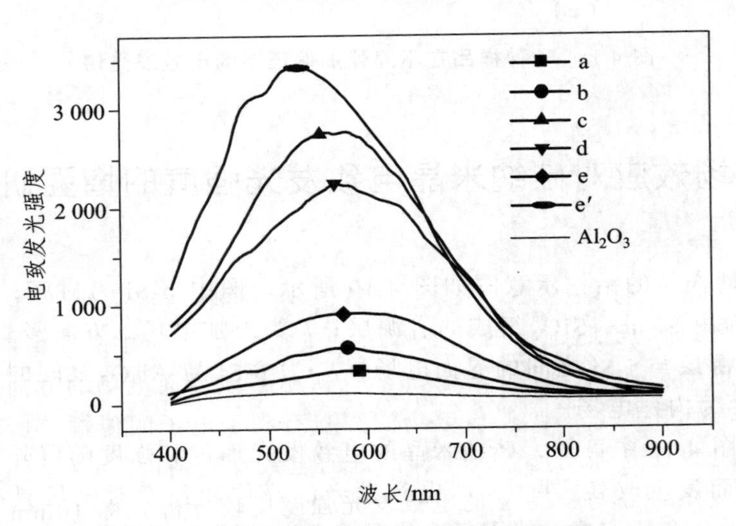

图 4.20　6 种样品的最大电致发光谱

（1）样品 b 与样品 a 的电致发光强度比较分析。从图 4.20 中可以看出，在有源层与 ITO 之间加入 n-Si 后，样品 b 的发光峰位相对于样品 a 有蓝移，样品 b 的电致发光强度有所增加，其强度是样品 a 的 1.7 倍。其原因是：硅纳米晶是由 SiO/Si 多层结构的薄膜经过 1 100 °C 的高温热退火后形成的，其主要成分是 SiO_2。相关文献指出[32][33]，SiO_2 带正电，即结构图中的有源层带正电，而 n-Si 带负电。当带正电的有源层与带负电的 n-Si 接触时，形成由有源层指向 n-Si 的界面电场，如图 4.19（b）中的 F_1 所示，该界面电场的方向与外加电场 F 的方向相同，因此，该界面电场的存在有利于器件中电荷的传输。但又由于带负电的 n-Si 和带正电的有源层之间存在载流子浓度梯度，即有扩散现象存在，因此，在有源层内部存在着内建电场 F_{pn}，该电场的方向与外加电场 F 的方向相反，此电场的存在不利于电子的传输。比较样品 a 与样品 b 的电致发光强度可知，内建电场 F_{pn} 小于界面电场 F_1，因此样品 b 的电致发光强度仍大于样品 a 的电致发光强度。

（2）样品 c 与样品 a 的电致发光强度比较分析。为了避免由于扩散运动引起的与外加电场方向相反的内建电场 F_{pn} 的存在，用 i-Si 代替样品 b 中的 n-Si，即得到样品 c，i-Si 层厚度选取最佳厚度值 10 nm。从图 4.19（c）中可以看出，在 i-Si 和有源层之间无浓度梯度，所以无扩散运动存在，因此在样品 c 中无内建电场存在，即样品 c 中只有外加电场 F 和有利于电子传输的界面电场 F_1 存在。因此，样品 c 的电致发光强度远远大于样品 a 和样品 b 的强度，且样品 c 的电致发光强度是样品 a 的 8.9 倍。

（3）样品 d 与样品 a 的电致发光强度比较分析。在样品 d 中通过引入电子的方法来实现界面电场 F_2，从图 4.20 中可以看出，在 p-Si 与有源层之间加入 Al_2O_3 后，样品 d 的电致发光强度得到了很大提高。这是因为 p-Si 带正电，而 Al_2O_3 带负电，当带正电的 p-Si 与带负电的 Al_2O_3 接触时，通过前面的验证得出，在界面上形成由 p-Si 指向 Al_2O_3 的界面电场，如图 4.19（d）中的 F_2 所示，该界面电场的方向与外加电场的方向相同。因此，该电场的存在有利于电子的传输，所以，样品 d 的电致发光强度远远大于样品 a 的电致发光强度。

（4）样品 e 与样品 a 的电致发光强度比较分析。将 10 nm 的 i-Si 和 7 nm 的 Al_2O_3 同时加入硅纳米晶的发光二极管中，这时界面电场 F_1

和 F_2 共同作用于发光二极管中，是否更有利于硅纳米晶电致发光强度的增加？从图 4.20 中可以看出，10 nm 的 i-Si 和 7 nm 的 Al_2O_3 共同作用于发光二极管时，电致发光强度比 i-Si 和 Al_2O_3 单独作用时降低了。这是由于样品 e 中的 Al_2O_3 厚度较小，有源层与 Al_2O_3 的界面处存在着带负电的电子，而在有源层与 i-Si 的界面处存在着带正电的空穴，因此，在有源层内部存在着方向与外加电场方向相反的电场，而该电场不利于电子的传输。因此，样品 e 的电致发光强度小于 i-Si 和 Al_2O_3 单独作用时的电致发光强度。

（5）样品 e′与样品 a 的电致发光强度比较分析。将样品 e 中 Al_2O_3 的厚度增加到 15 nm 即可得到样品 e′，其结构示意图如图 4.19（e′）所示，最大的电致发光强度如图 4.20 所示。从图 4.20 中可以看出，样品 e′的电致发光强度大于样品 c 与样品 d 的电致发光强度，同时也大于样品 e 的电致发光强度，样品 e′的电致发光强度是样品 a 的 11.7 倍。其原因在于，样品 e′中的场效应层 Al_2O_3 厚度大于样品 e 中的 Al_2O_3 厚度，这时与外加电场方向相反的电场不存在，只有电场 F_1、F_2 作用于发光二极管中，这两个电场的方向与外加电场的方向相同，因此，有利于电子的传输，从而使其电致发光强度提高一个数量级。

从上面的分析与比较得出：无论单独加入 i-Si 和 Al_2O_3，还是共同加入 i-Si 和 Al_2O_3，都有利于器件中载流子的传输，从而有利于器件电致发光强度的增强。图 4.20 中给出了 Al_2O_3 在外加偏压下的电致发光强度，Al_2O_3 自身没有发光，说明硅纳米晶的电致发光强度的增强是由于场效应的存在，而不是由于加入了其他的发光物质所引起的。

在第 3 章中已研究得知，改变硅纳米晶的浓度可改变其光致发光和电致发光强度，在整个讨论过程中，加入 i-Si 层后是否增加了硅纳米晶的浓度，该电致发光是否是由增加了硅纳米晶的浓度而增强的呢？从图 4.17 中可以看出，6 种不同结构样品的光致发光谱的峰位和强度基本保持一致，其原因在于硅纳米晶的光致发光强度和峰位与硅纳米晶本身有关。该结果说明 6 种样品的硅纳米晶的组分没有发生变化，加入 i-Si 层后没有改变器件中硅纳米晶的浓度。因此，电致发光的增强不是由于硅纳米晶浓度的增加而引起的，而是由于在有源层与场效应层之间形成界面电场，且该界面电场有利于发光二极管中电子的传输，所以电致发光强度增强。

图 4.21 所示为 6 种硅纳米晶发光二极管的发光图片，曝光时间为 5 s，样品 a 的发光最暗，样品 e′最亮。

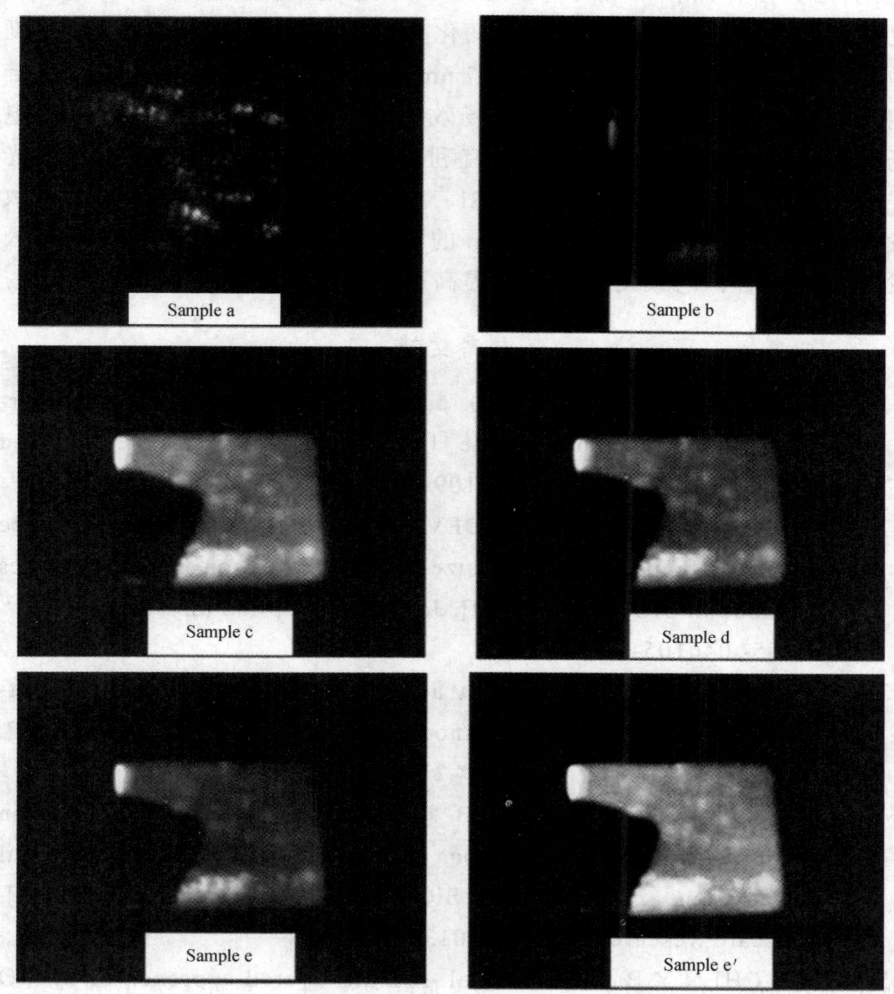

图 4.21　6 种样品的电致发光图片

4.6　本章小结

本章提出了一种可以提高硅纳米晶电致发光强度的方法，即将场效应应用于含硅纳米晶的发光二极管中。本章首先验证了加入 i-Si 和 Al_2O_3 后，在有源层和场效应层之间形成了界面电场；其次研究了最大电致发光强度随场效应层厚度的变化关系，得出了 i-Si 层的优化厚度为 10 nm，Al_2O_3 层的优化厚度为 7 nm；最后研究了场效应如何提高硅纳米晶的电致发光强度，即加入场效应层后，在界面形成电场，该电场方向与外加电场的方向相同，有利于载流子的传输，所以电致发光强度得到提高，得出 10 nm 的 i-Si、7 nm 的 Al_2O_3 单独作用时，电致发光强度得到很大提高，而 10 nm 的 i-Si 和 15 nm 的 Al_2O_3 共同加入发光二极管后，电致发光强度可提高一个数量级。

参考文献

[1] YERCI S, LI R, NEGRO L D, et al. Electroluminescence from Er-doped Si-rich silicon nitride light emitting diodes[J]. Applied physics letters, 2010, 97: 081109-081109-3.

[2] JAMBOIS O, RINNERT H, DEVAUX X, et al. Photoluminescence and electroluminescence of size-controlled silicon nanocrystallites embedded in SiO_2 thin films[J]. Journal of applied physics, 2005, 98: 046105- 046105-3.

[3] DING L, YU M B, TU X, et al. Laterally-current-injected light-emitting diodes based on nanocrystalline-Si/SiO_2 superlattice[J]. Optics express, 2011, 19: 2729-2738.

[4] HUH C, KIM B K, PARK B J, et al. Enhancement in electron transport and light emission efficiency of a Si nanocrystal light-emitting diode by a SiCN/SiC superlattice structure[J]. Nanoscale Research Letters, 2013, 8: 14.

[5] LI D, CHEN Y B, REN Y, et al. A multilayered approach of Si/SiO to promote carrier transport in electroluminescence of Si nanocrystals[J]. Nanoscale Res Lett, 2012, 7: 200.

[6] XIE D, CHEN D, LI Z, et al. A combined approach to largely enhancing the photoluminescence of Si nanocrystals embedded in SiO_2[J]. Nanotechnology, 2007, 18: 115716.

[7] HOEX B, SCHMIDT J, POHL P, et al. Silicon surface passivation by

atomic layer deposited Al_2O_3[J]. Journal of applied physics, 2008, 104: 044903-044903-12.

[8] QIN G G, WANG Y Q, QIAO Y P, et al. Synchronized swinging of electroluminescence intensity and peak wavelength with Si layer thickness in Au/SiO_2/nanometer Si/SiO_2 /P-Si structures[J]. Applied physics letters, 1999, 74: 2182-2184.

[9] LIN G R, LIN C J, LIN C K, et al. Oxygen defect and Si nanocrystal dependent white-light and near-infrared electroluminescence of Si-implanted and plasma-enhanced chemical vapor deposition-grown Si- rich SiO_2[J]. Journal of applied physics, 2005, 97: 1806-90.

[10] HOEX B, GIELIS J H, VAN D, et al. On the c-Si surface passivation mechanism by the negative-chargedielectric Al_2O_3[J]. Journal of applied physics, 2009, 104: 113703-113703-7.

[11] WILKINSON A R, ELLIMAN R G. Passivation of Si nanocrystals in SiO_2: Atomic versus molecular hydrogen[J]. Applied Physics Letters, 2003, 83: 5512-5514.

[12] HOEX B, PEETERS F J J, GREATORE M, et al. High-rate plasma-deposited SiO_2 films for surface passivation of crystalline silicon[J]. Journal of Vacuum Science & Technology A, 2006, 24: 1823-1830.

[13] GLUNZ S W, BIRO D, REIN S, et al. Field-effect passivation of the SiO_2-Si interface[J]. Journal of Applied Physics, 1999, 86: 683-691.

[14] KERR M J, CUEVAS A. Very low bulk and surface recombination in oxidized silicon wafers[J]. Semiconductor Science & Technology, 2001, 17(1): 35.

[15] 芬德勒. 纳米粒子与纳米结构薄膜[M]. 项金钟，译. 北京：化学工业出版社，2003: 1.

[16] EBONG A, DOSHI P, NARASHIMHA S, et al. The Effect of Low and High Temperature Anneals on the Hydrogen Content and Passivation of Si Surface Coated with SiO_2 and SiN Films[J]. Journal of The Electrochemical Society, 1999, 146: 1921-1924.

[17] PANEKA P, DRABCZYK K, FOCSA A, et al. A comparative study of SiO_2 deposited by PECVD and thermal method as passivation for

multicrystalline silicon solar cells[J]. Materials Science & Engineering B, 2009, 165: 64-66.

[18] SCHMIDT J, MERKLE A, BRENDEL R, et al. Surface Passivation of High-efficiency Silicon Solar Cells by Atomic-layer-deposited Al_2O_3[J]. Progress in Photovoltaics Research & Application, 2008, 16: 461-466.

[19] BENICK J, HOEX B, VAN D, et al. High efficiency n-type Si solar cells on Al_2O_3-passivated boron emitters[J]. Applied Physics Letters, 2008, 92: 253504-253404-3.

[20] FALTAKH H, BOURGUIGA R, RABHA M B, et al. Simulation and optimization of the performance of multicrystalline silicon solar cell using porous silicon antireflection coating layer [J]. Superlattice & Microstructures, 2014, 72: 283-295.

[21] CHEN J R, WANG D C, HAO H C, et al. Achieving high brightness of silicon nanocrystal light-emitting device with a field-effect approach[J]. Applied Physics Letters, 2014, 104: 061105-061105-5.

[22] RATTANAPAN S, YAMAMOTO H, MIYAJIMA S, et al. Hydrogen plasma treatment for improving bulk passivation quality of c-Si solar cells [J]. Current Applied Physics, 2010, 10: S215-S217.

[23] WANG D C, CHEN J R, ZHU J, et al. On the spectral difference between electroluminescence and photoluminescence of Si nanocrystals: a mechanism study of electroluminescence[J]. Journal of Nanoparticle Research, 2013, 15: 1-7.

[24] JIA Y, CAO A, KANG F, et al. Strong and reversible modulation of carbon nanotube–silicon heterojunction solar cells by an interfacial oxide layer[J]. Physical Chemistry Chemical Physics, 2012, 14: 8391-8396.

[25] CHENG C H, LIEN Y C, WU C L, et al. Mutlicolor electroluminescent Si quantum dots embedded in SiOx thin film MOSLED with 2.4% external quantum efficiency[J]. Optics Express, 2013, 21: 391403.

[26] YUAN Z, PUCKER G, MARCONI A, et al. Silicon nanocrystals a

photoluminescence down shifter for solar cells[J]. Solar Energy Materials & Solar Cells, 2011, 95: 1224-1247.

[27] RINNERT H, VERGNAT M. Influence of the barrier thickness on the photoluminescence properties of amorphous Si/SiO multilayers[J]. Journal of Luminescence, 2005, 113: 64-68.

[28] RINNERT H, VERGNAT M. Structure and optical properties of amorphous silicon oxide thin films with different porosities[J]. Journal of Non-Crystalline Solids , 2003, 320: 64-75.

[29] NEGRO L D, CAZZANELLI M, DALDOSSO N, et al. Stimulated emission in elasma-enhanced chemical vapour deposited silicon nanocrystals[J]. Physica E, 2003, 16: 297-308.

[30] GUERRA R, DSSICINI S. High luminescence in small Si/SiO2 nanocrystals: A theoretical study[J]. Physical Review B, 2010, 81, 245307: 1-6.

[31] YUAN F C, RAN G Z, CHEN Y, et al. Room-temperature 1.54 mm electroluminescence from Er-doped silicon-rich silicon oxide films deposited on N-Si substrates by magnetron sputtering[J]. Thin Solid Films, 2002, 409(2): 194-197.

[32] CHEN J R, WANG D C, ZHOU Z Q, et al. Effects of interfacial barrier confinement and interfacial states on the light emission of Si nanocrystals[J]. Physica E, 2014, 56: 5-9.

[33] PROKES S M. Light emission in thermally oxidized porous silicon: Evidence for oxide-related luminescence[J]. Applied physics letters, 1993, 25: 3244-3246.

[34] MATSUHATA H, MIKI K, SAKAMOTO K, et al. Microstructure in molecular-beam-epitaxy-grown Si/Ge short period strained-layer superlattices[J]. Physical Review B Condensed Matter, 1993, 47: 10474.

5 表面等离子体在硅纳米晶发光中的增强研究

通过经典理论分析得出，由于贵金属材料介电常数的实部是负数且虚部是小的正实数，因此在光波激发下会产生表面等离子共振。随着纳米科学的发展，研究者发现当尺度在纳米量级的金属颗粒发生变化时，表面等离子特性也将发生很大程度的改变，这一认识使人们对以表面等离子为基础的现象产生了极大的研究兴趣[1][2]。近年来，表面等离子体在许多领域取得了广泛应用，如增强分子吸收中的拉曼散射、增强光催化、提高太阳能电池效率、增强光发射等[3][4][5]。Wu 等人[6][7]利用 Ag 表面等离子体作用于 TiO_2 的光催化中，并提出了模型（见图 5.1）。在该模型中，价带中的电子吸收紫外光后跃迁到导带中，导带中的电子

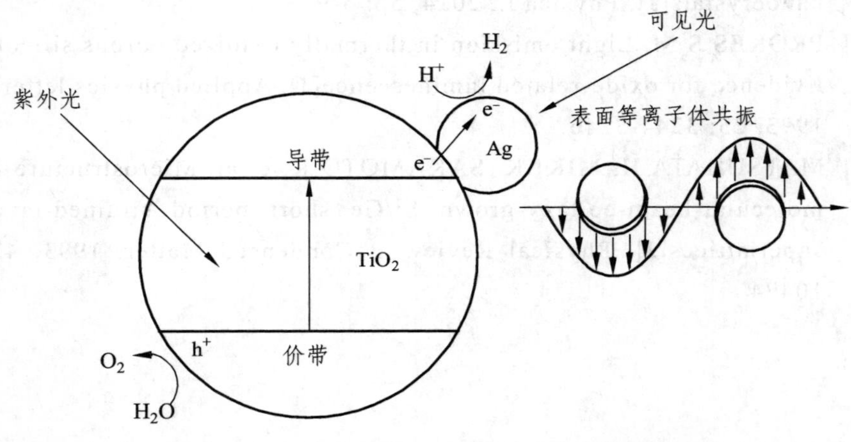

图 5.1　Ag 表面等离子体增强光催化的模型图

转移到 Ag 纳米粒子中，Ag 纳米粒子在可见光照射下产生等离子体共振，将其能量传递给电子。图 5.2 所示为含 Ag 表面等离子体的 TiO_2 作用于亚甲基蓝（MB）中的催化结果，加入 Ag 表面等离子体可提高催化效果。

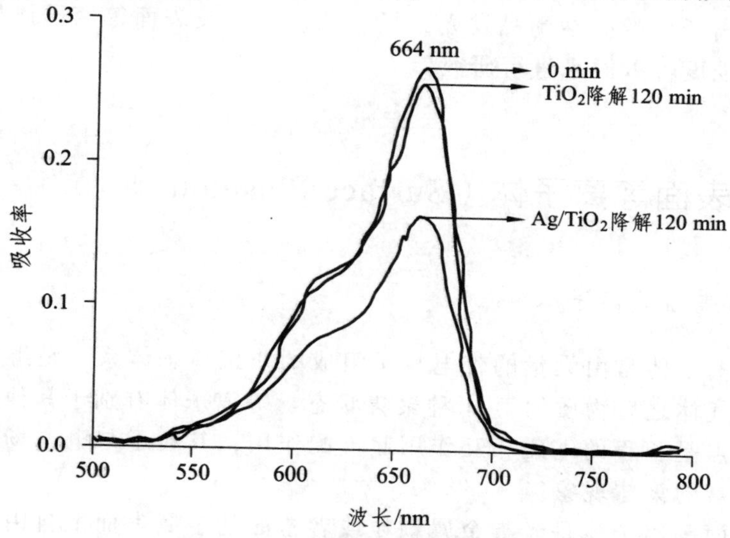

图 5.2　亚甲基蓝分解吸收谱

Chul Huh 等人[8][9][10]将 Au 表面等离子体应用于含硅纳米晶的发光二极管中，加入 Au 纳米颗粒后可提高硅纳米晶的发光强度，结果如图 5.3 所示。从图中可以看出，加入 Au 表面等离子体后，硅纳米晶的光致发光强度和电致发光强度都得到了提高。

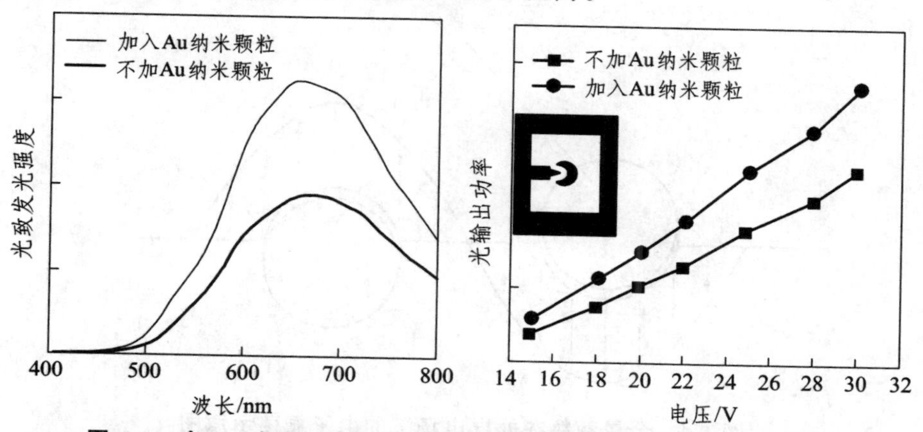

图 5.3　含 Au 表面等离子体的硅纳米晶的光致发光和电致发光谱

在本章中，我们选取 Ag 纳米颗粒作为表面等离子体来提高硅纳米晶的发光强度，其目的是增加局域电场，从而提高载流子的复合概率来提高发光强度。本章主要从 Ag 表面等离子体的定义、制备，含 Ag 表面等离子体的硅纳米晶发光二极管的制备以及表面等离子体如何提高发光强度等方面来进行研究。

5.1 表面等离子体（Surface Plasmons）

1. 表面等离子体

等离子体是由大量的带电粒子组成的非束缚态体系，是继固体、液体、气体之后物质的第 4 种聚集状态。等离子体有别于其他物态的主要特点是长程的电磁相互作用起支配作用，其粒子与电磁场耦合会产生丰富的集体现象。

表面等离子体是光与金属颗粒或者弯曲的金属表面上自由电子耦合的一种局域模式，最常见的是金属纳米颗粒与光相互作用使电子在纳米颗粒上来回振荡的共振模式，如图 5.4 所示。当入射光作用于金属纳米颗粒时，颗粒内的自由电子随着电场振荡产生集体运动，当电子云偏离原子核时，电子云与原子核之间的库仑相互作用，将牵引这

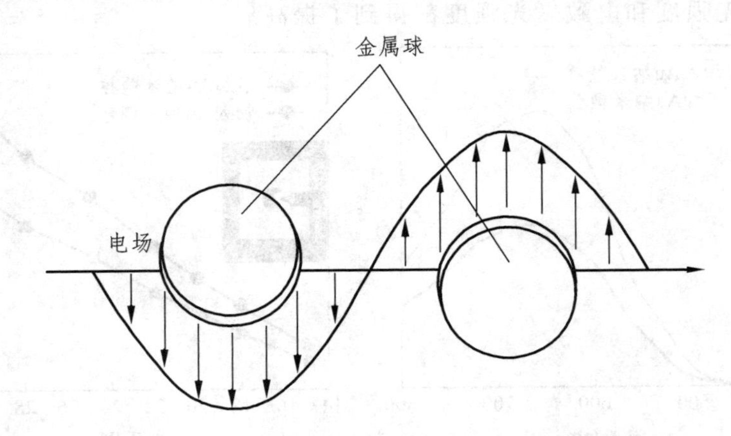

图 5.4 金属颗粒在外界电场下的电子振荡示意图

些偏离的电子云向原子核靠近，因此产生了电子云随外加电场在原子核附近的集体振荡，这种集体振荡就是局域表面等离子体振荡[11][12]。当入射光的频率与金属颗粒自由电子的振荡频率相同时，即可形成局域表面等离子体共振。

当局域表面等离子体产生共振现象时，可以极大地吸收入射光的能量，在金属表面形成强烈的局域场，该局域场与有源介质相互作用可以增强自发辐射，使其在有源光子器件、光子集成领域得到广泛应用。

2. 表面等离子体与自由空间中传播的光矢量的耦合

在光滑的金属-介质界面上，表面等离子体波矢总是大于自由空间中的光波矢，即动量不守恒，不能直接实现波矢的耦合，如图 5.5 所示。因此，需对自由空间的光波矢给予补偿，使其能够与表面等离子体波矢匹配，产生共振现象。

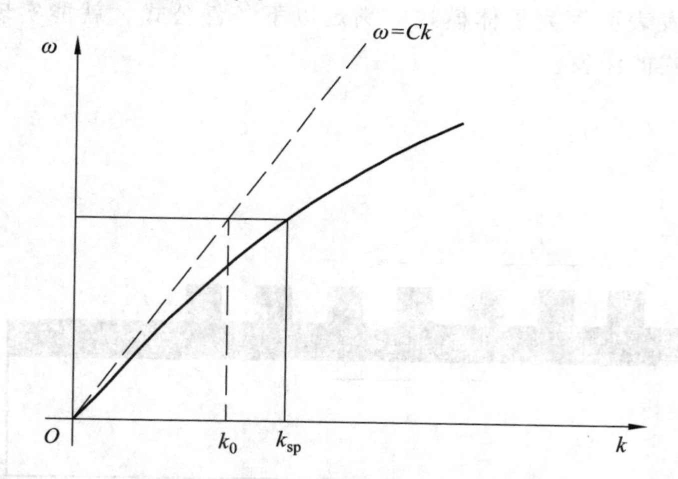

图 5.5　表面等离子体与空间中自由光波矢的色散关系图

图 5.6 所示为激发平面金属表面等离子体的 Kretschmann 法。只有当入射光波矢满足：

$$k_{sp}^2 = \frac{\varepsilon_m \varepsilon}{\varepsilon_m + \varepsilon} k^2 \tag{5.1}$$

时，才能形成表面等离子体共振。而入射光波矢与入射角满足：

$$k_{sp} = kn_p \sin\theta_{sp} \tag{5.2}$$

因此，只有在特定的入射角度下才能产生表面等离子体共振。

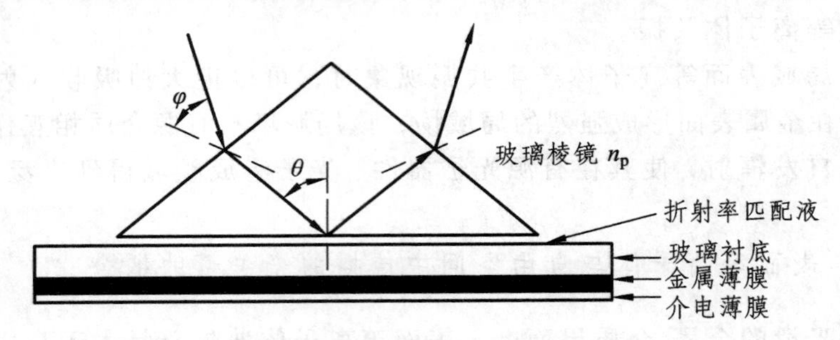

图 5.6　激发平面金属表面等离子体的 Kretschmann 法

图 5.7 所示为使用光栅衍射补偿法实现表面等离子体耦合[13][14]，此方法是利用周期结构提供的倒格矢增加介质中的光波矢以达到动量守恒，激发表面等离子体模式。满足以下条件公式，就能实现表面等离子体模式的激发。

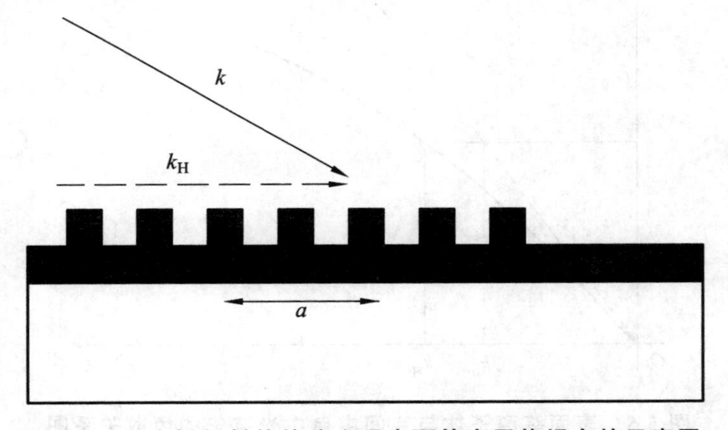

图 5.7　用光栅衍射补偿法实现表面等离子体耦合的示意图

$$\vec{k}_{spp} = \vec{k}_n = \vec{k}_n \theta \vec{u}_{12} \pm p\frac{2\pi}{D}\vec{u}_1 \pm q\frac{2\pi}{D}\vec{u}_2 \tag{5.3}$$

式中，n 为介质的折射率；θ 为入射角；D 为光栅的周期，$\vec{u}_{12}$ 为入射光波矢在金属面内分量方向上的单位矢量；$\vec{u}_1$ 和 $\vec{u}_2$ 为周期结构的单位矢量；p 和 q 为整数。

以上方法是通过引入特殊的条件和结构实现波矢的补偿，从而在光滑的表面上激发了表面等离子体模式。对于粗糙的表面或者有金属颗粒存在的表面，表面粗糙的衍射效应就有可能提供激发表面等离子体模式的波矢补偿，这种方式激发的表面等离子体模式具有二维空间局域、非传播模式的特点，被称为局域表面等离子体效应[15][16]。

3. 表面等离子体增强发光的原理

金属颗粒的局域表面等离子体效应能够增强置于它附近的发光体的发光，并在此过程中有很多效应起作用。首先，由于局域场的增强，增大了发光体的泵浦概率；其次，发光体发光与等离子体的耦合同时影响它的辐射和非辐射跃迁概率。

图 5.8 所示为发光体与金属颗粒之间的极化，发光体（左）可看作是一个偶极矩为 μ 的点偶极子，使得各向异性的金属颗粒（右）产生了极化，在共振情况下，金属颗粒产生的偶极矩比激发源固有的偶极矩 μ 大。

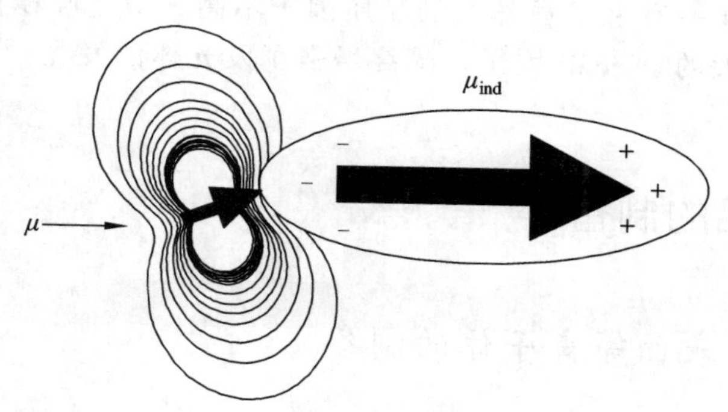

图 5.8　发光体与金属颗粒之间的极化

根据电动力学理论，点偶极子转移到电磁场的功率为 P，即发光体发出多强功率的光，其值为

$$P=\frac{\omega}{2}\mathrm{Im}(\mu\cdot\vec{E}) \qquad (5.4)$$

P 可衡量发光体的激发态寿命。其中，μ 为发光体固有的偶极矩；ω 为偶极子的振荡频率；$\vec{E}$ 为偶极子振荡产生的电场，该电场可以通

过在偶极子附近放置容易被极化的金属颗粒来改变，当金属颗粒的表面等离子体共振频率与发光体发射频率相匹配时，由于$\bar{E}$的增强导致了 P 的增强，即偶极子与电场耦合增强，更容易产生辐射跃迁，从而导致发光体发光的增强[17][18]。

表面等离子体导致发光增强也可利用 Purcell 效应解释，Purcell 效应认为发光体的自发辐射概率受到周围环境的影响，即将发光体放入一个特殊的环境里，自发辐射概率可以调节。1950 年，Purcell 等人发现将原子放置在一个腔内，当自发辐射频率与腔的共振频率耦合时，自发辐射就会增强，增加的倍数用 Purcell 因子表示为

$$F_{\mathrm{p}}=\frac{3}{4\pi^2}\left(\frac{\lambda}{n}\right)\cdot\left(\frac{Q}{V}\right) \tag{5.5}$$

式中，λ/n 是光在介质中的波长；Q 为腔的品质因子，与腔本身的质量有关；V 为腔模的体积。

从式（5.5）可以得出，自发辐射概率增强的大小与腔模体积成反比，局域表面等离子体效应通过增强自发辐射概率从而增强发光，可理解为提供了一种腔。虽然腔的品质因子不高，但是腔模体积很小，所以产生较大的 Purcell 因子，最终增强了发光体的发光[19][20]。

5.2 样品的制备

5.2.1 Ag 表面等离子体的制备

制备 Ag 表面等离子体的方法较多[21][22]，Bozanic 等人[23][24]采用西米淀粉（粒子直径为 32 μm，纯度为 27%）来制备 Ag 纳米颗粒。其制备步骤为：首先将 1 g 的西米淀粉放入 100 mL 水中溶解，在搅拌的条件下加热西米淀粉溶液，加热时间为 15 min；然后将该溶液冷却到 50 °C 后，加入 100 mg 的 $AgNO_3$，搅拌 10 min；最后向溶液中加入 23 mg 的硼氢化钠，将溶剂蒸干即可得到 Ag 纳米颗粒。图 5.9 为采用此方法制备的 Ag 纳米颗粒的 TEM 图，图 5.10 为尺寸分布图。此方法制备的 Ag 纳米颗粒的尺寸在 8 nm 左右。

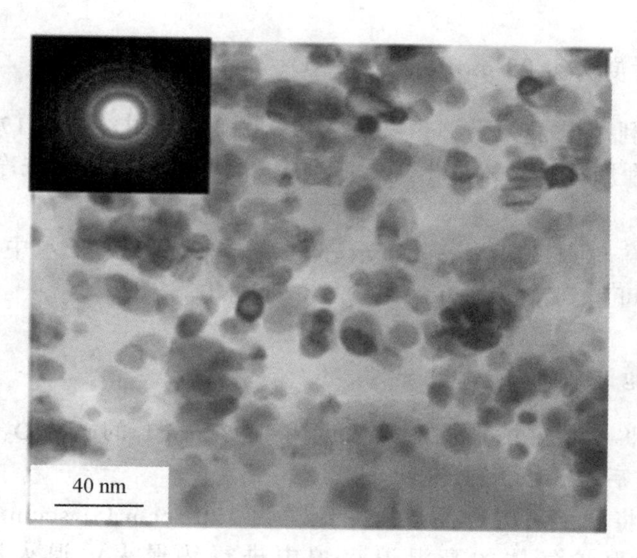

图 5.9　Ag 纳米颗粒的 TEM 图

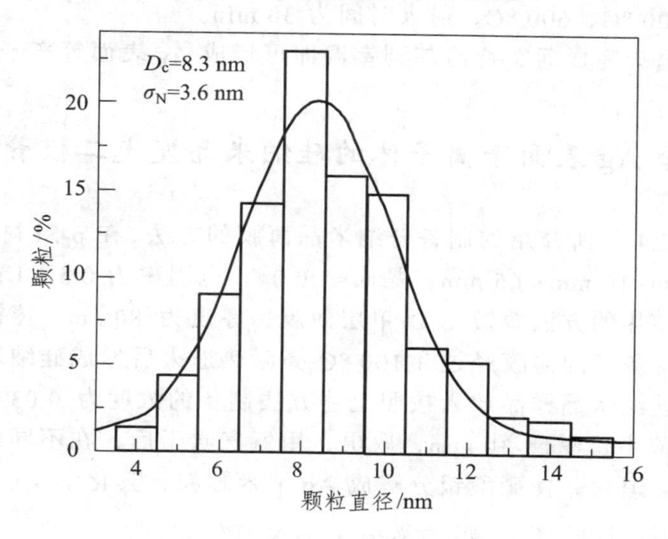

图 5.10　Ag 纳米颗粒的尺寸分布图

此方法制备的 Ag 纳米颗粒所涉及的原料较多，且步骤比较烦琐。本书采用一种比较简便、快捷的方法来制备 Ag 表面等离子体，即将 $AgNO_3$ 作为原材料，经过超声、热退火即可形成。其具体步骤如下：

1. 浓度为 0.03 mol/L 的 $AgNO_3$ 溶液的制备[25][26]

（1）利用电子天平称量纯度为 99.8%的 $AgNO_3$ 粉末 175 mg 待用。

（2）利用移液器，取出 100 mL 的去离子水放入事先洗净的烧杯中，待用。

（3）将称取的 175 mg 的 $AgNO_3$ 粉末倒入去离子水中，超声数分钟后，即可得到浓度为 0.03 mol/L 的 $AgNO_3$ 溶液。

2. Ag 纳米颗粒的制备

（1）将制备好的样品放入浓度为 0.03 mol/L 的 $AgNO_3$ 溶液中，超声 30 min 后取出，用氮气吹干。

（2）将吹干后的样品放入用流量为 220 sccm（1 sccm=1 mL/min）氮气作为保护气体的高温退火炉中进行热退火，退火温度分别为 200 °C、400 °C、600 °C，退火时间为 30 min。

（3）退火完成后，待冷却到室温即可形成 Ag 表面等离子体。

5.2.2 含 Ag 表面等离子体的硅纳米晶发光二极管的制备

利用 2.1 节所介绍的制备硅纳米晶薄膜的方法，在 p-Si 衬底上（大小为 10 mm×10 mm×0.5 mm，晶向<1 0 0>，电阻率为 0.5 ~ 1 Ω · cm），采用电阻加热的方法蒸镀 SiO 单层薄膜，厚度为 80 nm，蒸镀速率为 0.8 Å/s，制备好的薄膜经过 1 100 °C 高温热退火后形成硅纳米晶。将制备好的硅纳米晶样品放入按照上述方法制备的浓度为 0.03 mol/L 的 $AgNO_3$ 溶液中，超声 30 min，取出，用氮气吹干后，在不同的退火温度下进行热退火，使硝酸银分解成 Ag 纳米颗粒，其化学反应式为

$$2AgNO_3 \xrightarrow{\text{加热}} 2Ag+2NO_2\uparrow+O_2\uparrow \tag{5.6}$$

当温度较高时，Ag 在空气中可能被氧化成 AgO、Ag_2O 等[27][28]。

在制备好的含有 Ag 纳米颗粒的硅纳米晶薄膜的背面蒸镀 2 μm 的 Al 电极作为正电极，经过 480 °C、10 min 的高温退火使其形成良好的欧姆接触；在正面蒸镀 800 nm 的 Al 环作为负电极，经过 200 °C、5 min

退火使其形成良好的接触，含 Ag 表面等离子体的硅纳米晶发光二极管结构示意图如图 5.11 所示。

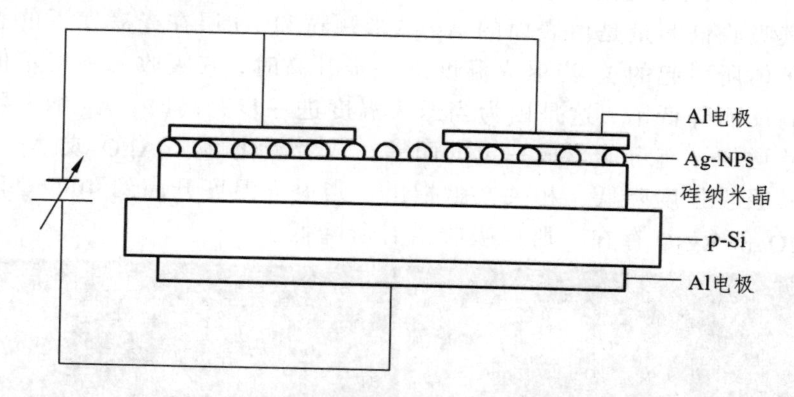

图 5.11　含 Ag 表面等离子体的硅纳米晶发光二极管的结构示意图

5.3　表面等离子体的表征

图 5.12 所示为在室温（Room Temperature，RT），200 °C、400 °C、600 °C 条件下退火所得的 Ag 纳米颗粒的 AFM 图。比较几个图得出，在室温下，只有少量的 Ag 纳米颗粒存在，根据化学反应式（5.6）得知，$AgNO_3$ 在加热的条件下才能分解成 Ag 颗粒，超声过程中有热能产生，所以 $AgNO_3$ 分解产生少量的 Ag 表面等离子体。当退火温度为 200 °C 时，如图 5.12（b）所示，有大量的 Ag 纳米颗粒存在，且随着退火温度的增加，其纳米颗粒的尺寸逐渐增大。表 5.1 列出了在 3 种退火温度下，Ag 纳米颗粒尺寸的大小，且随着退火温度的增加，Ag 纳米颗粒的尺寸逐渐增大。

图 5.13 所示为制备在石英衬底上的，含 Ag 表面等离子体的样品在可见光范围内的吸收谱。从图中可以看出，室温下，样品没有吸收峰存在，这是因为在室温下几乎没有 Ag 纳米颗粒存在，所以没有吸收峰。当退火温度为 200 °C 时，在 350 ~ 800 nm 波长范围内具有最强的吸收峰，其吸收峰位在 360 nm 和 450 nm 处。这是因为当温度为 200 °C

时，有大量的 Ag 纳米粒子存在，所以吸收谱有所增强（由于在器件的制备过程中，Al 电极要经过 200 °C 的高温热退火形成良好的接触，因此，其吸收谱测量是由表面的 Ag 纳米颗粒和 Al 层在光激发下的表面等离子体所引起的）。当退火温度进一步升高时，其吸收峰强度不但没有升高反而降低了，这是因为当退火温度进一步升高时，Ag 纳米颗粒的尺寸增加，有可能形成一定的团簇，或者氧化形成 AgO 或 Ag_2O，所以其吸收强度降低。相关文献指出，当退火温度升高到 400 °C 时，有 AgO 和 Ag_2O 存在，所以吸收谱有所降低。

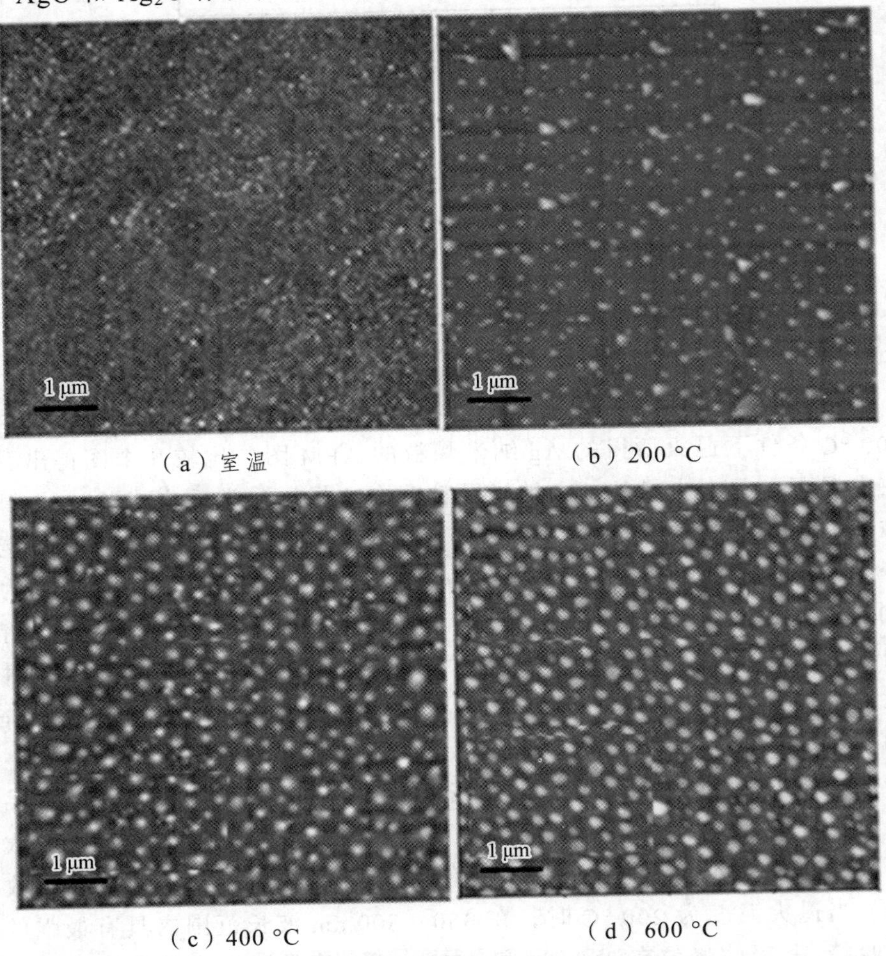

（a）室温　（b）200 °C

（c）400 °C　（d）600 °C

图 5.12　Ag 纳米颗粒的 AFM 图

表 5.1　平均尺寸与退火温度的关系

退火温度/°C	平均尺寸/nm
200	151.2±22.0
400	352.8±16.7
600	461.4±31.1

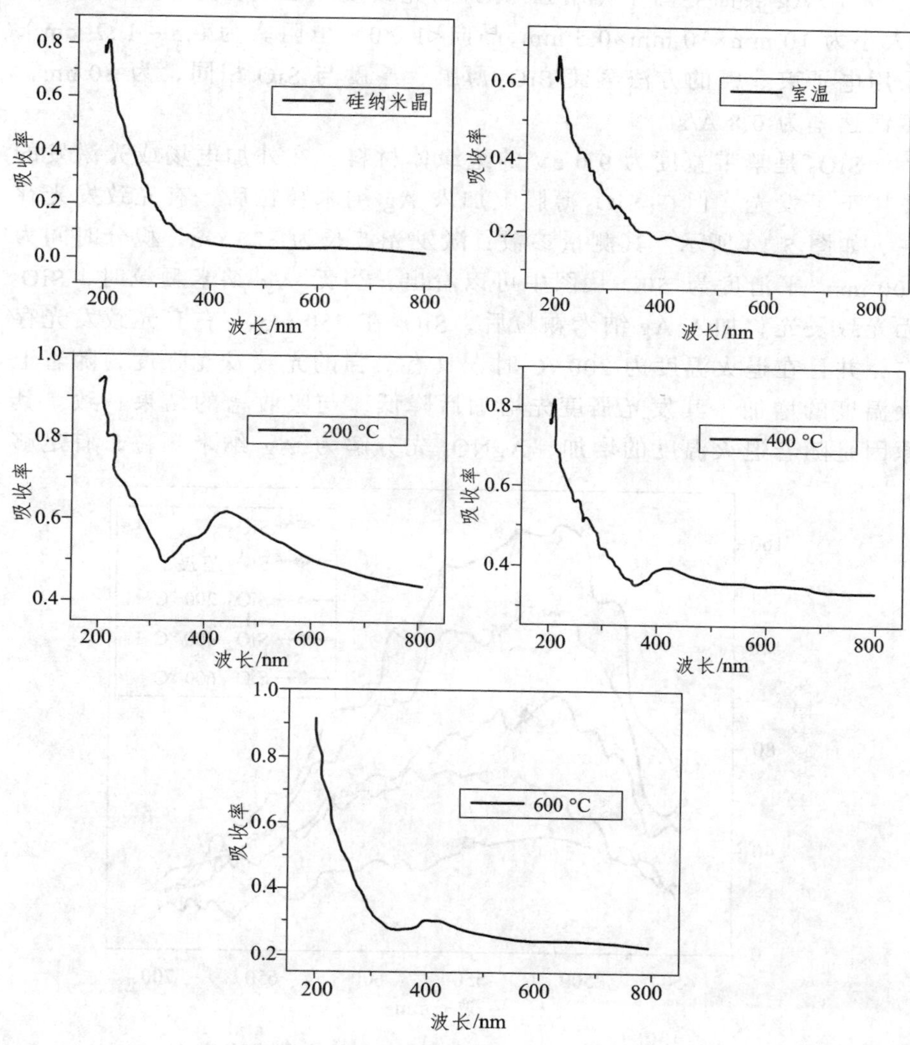

图 5.13　Ag 表面等离子体的吸收谱

5.4 表面等离子体对硅纳米晶发光的增强研究

5.4.1 表面等离子体增强 SiO_2 的发光

（1）Ag 表面等离子体增强 SiO_2 的光致发光强度：在 p 型硅衬底上（大小为 10 mm×10 mm×0.5 mm，晶向<1 0 0>，电阻率为 0.5～1 Ω·cm），采用电子束蒸镀的方法蒸镀 SiO_2 薄膜，厚度与 SiO 相同，为 80 nm，蒸镀速率为 0.8 Å/s。

SiO_2 是禁带宽度为 9.0 eV 的绝缘体材料，在外加电场或光激发的作用下不发光，但在 SiO_2 薄膜上加入 Ag 纳米颗粒后，有光致发光存在，如图 5.14 所示。其测量参数：激发光波长为 325 nm，积分时间为 100 ms，平滑度为 50。从图中可以看出，当无 Ag 纳米颗粒时，SiO_2 无光致发光，加入 Ag 纳米颗粒后，SiO_2 在 550 nm 左右有光致发光存在，并且在退火温度为 200 °C 时，具有最强的光致发光强度，随着退火温度的增加，其发光强度先增加后降低，与吸收谱的结果一致。其原因是随着退火温度的增加，$AgNO_3$ 先分解为 Ag 纳米颗粒，有足够

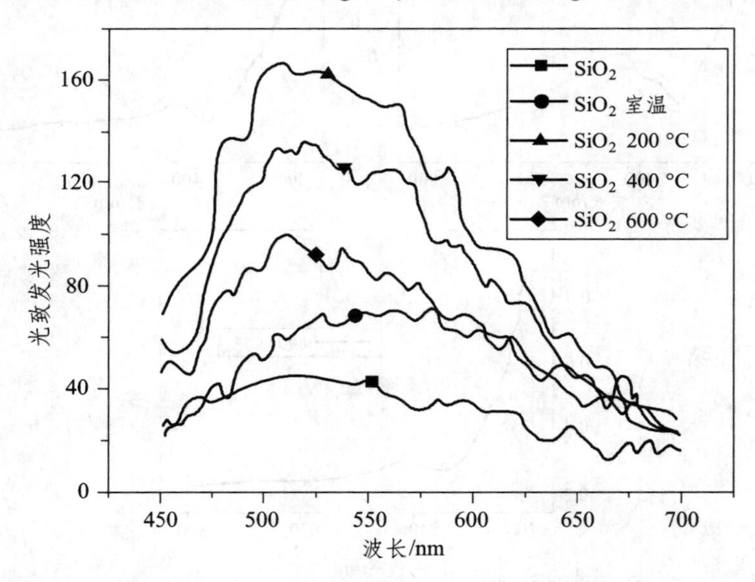

图 5.14 含 Ag 纳米颗粒的 SiO_2 的光致发光谱

多的 Ag 纳米颗粒形成表面等离子体，所以光致发光强度最强。但随着温度的进一步升高，Ag 与 O_2 发生反应生成 AgO 或者 Ag_2O，所以 Ag 纳米颗粒减少，表面等离子体的数量减少，从而光致发光强度降低。

（2）Ag 表面等离子体增强 SiO_2 的电致发光：使用 Al 作为正负电极，制备含 Ag 表面等离子体的 SiO_2 薄膜的发光二极管器件，如图 5.15 所示。

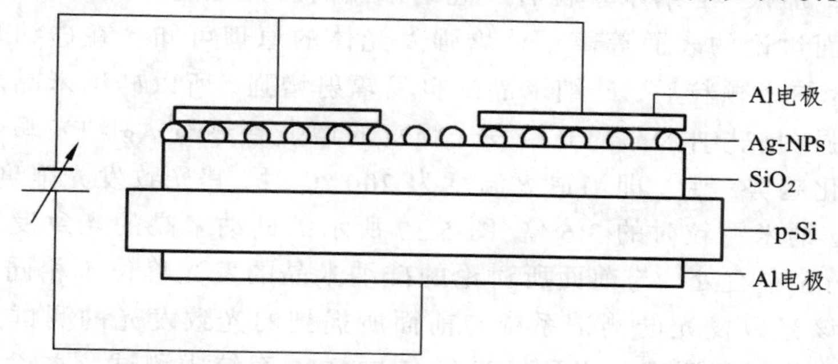

图 5.15　含 Ag 表面等离子体的 SiO_2 发光二极管结构示意图

图 5.16 所示为在外加偏压下，SiO_2 薄膜在不同退火温度下的最大电致发光谱，从图中可以看出，加入 Ag 纳米颗粒后，SiO_2 的电致发光强度的变化规律与光致发光强度的变化规律基本保持一致。即当退火温度为 200 °C 时，电致发光强度最大，其发光峰位相对于光致发光有一定的红移。

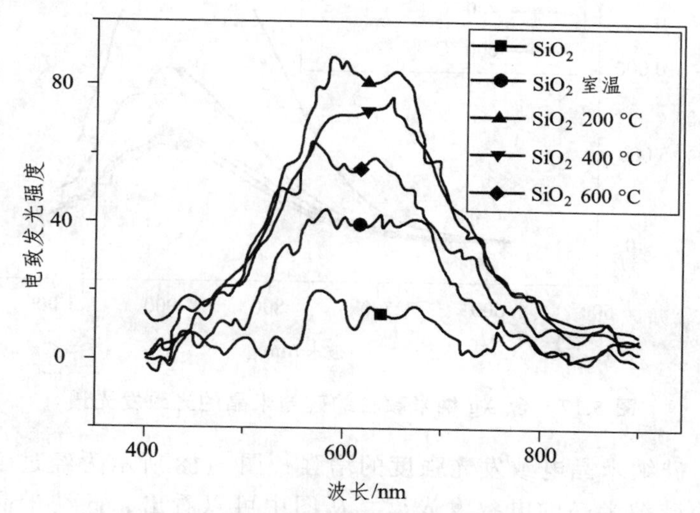

图 5.16　含 Ag 纳米颗粒的 SiO_2 的电致发光谱

5.4.2 表面等离子体增强硅纳米晶的发光

（1）硅纳米晶光致发光强度的增强：图 5.17 所示为经过不同退火温度后，硅纳米晶在激发光波长为 325 nm 下的光致发光谱，从图中可以看出，加入 Ag 纳米颗粒后，硅纳米晶的发光强度得到了很大提高。根据前面讨论的表面等离子体增强发光体的原理可知，在硅纳米晶中加入 Ag 纳米颗粒后，硅纳米晶的自发辐射增强，所以硅纳米晶的光致发光增强，且硅纳米晶的光致发光强度的增强趋势与 Ag 纳米颗粒吸收谱的变化趋势一致，即当退火温度为 200 °C 时，其光致发光强度最大，是无 Ag 纳米颗粒时的 3.6 倍。图 5.17 所示的硅纳米晶的光致发光峰位在 890 nm 左右处，与前面所讨论的硅纳米晶的发光峰位不相同，其原因在于该光致发光的测试系统与前面所提到的光致发光的测试系统不相同，即前面所测试的光致发光是在 F-4500 系统中测试，本章中的光致发光是在自己搭建的测试系统中测试的。

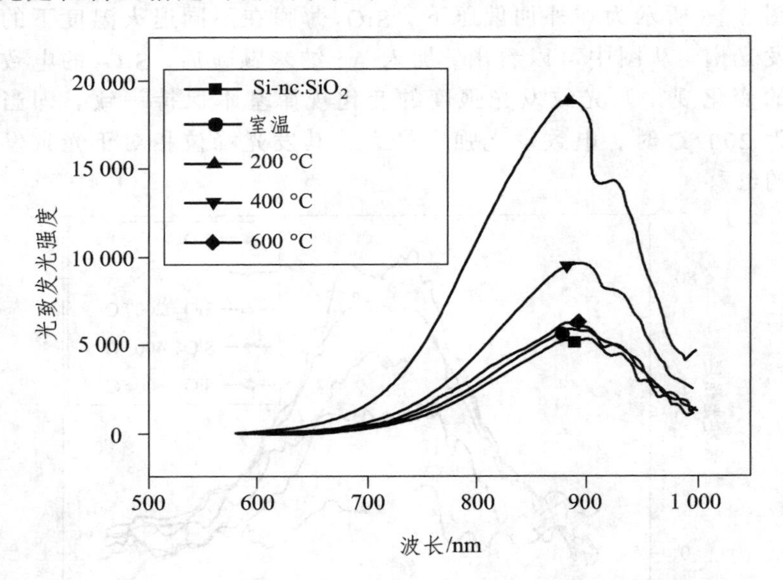

图 5.17　含 Ag 纳米颗粒的硅纳米晶的光致发光谱

（2）硅纳米晶电致发光强度的增强：图 5.18 所示为经过不同退火温度后的硅纳米晶的电致发光谱，从图中可以看出，硅纳米晶的电致发光增强趋势与 Ag 纳米颗粒吸收谱的变化趋势一致。但与光致发光强度相比，室温下的电致发光强度与无 Ag 纳米颗粒时的电致发光强度基本保持不变；当温度升高到 200 °C 时，电致发光强度的增强达到最大值，为无 Ag 纳米颗粒时的 5.2 倍，增加倍数高于硅纳米晶的光致发光强度的增加倍数。其原因在于，在硅纳米晶的光致发光中加入 Ag 纳米颗粒增强了硅纳米晶的自发辐射，从而提高了光致发光强度；而在硅纳米晶发光二极管中加入 Ag 纳米颗粒，增加了器件中的局域电场，而该电场有利于提高载流子的传输，从而提高了电致发光强度，两者提高发光强度的机理不同。

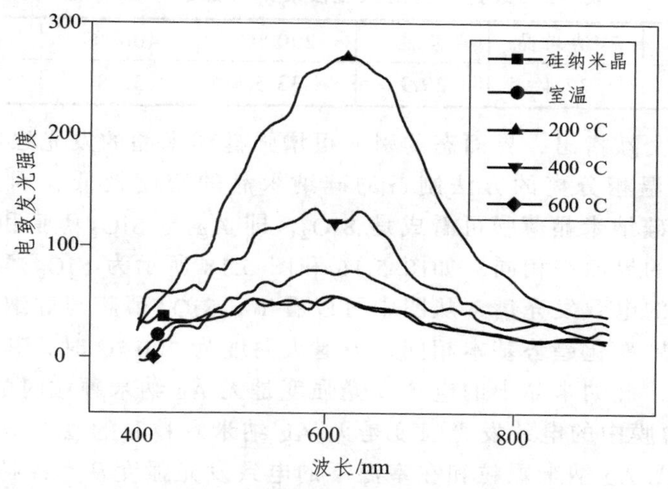

图 5.18 含 Ag 表面等离子体的硅纳米晶的电致发光谱

从以上分析得知，在 SiO_2 薄膜和硅纳米晶中加入 Ag 表面等离子体后，其光致发光和电致发光强度都得到了相应提高，且两者的增强趋势一致。

在硅纳米晶的电致发光机理研究中得知，硅纳米晶的电致发光增强与载流子的复合概率相关，即与样品的串联电阻相关。因此，实验中测量了样品经过不同的退火温度之后的 *I-V* 曲线，通过理论计算（$I\frac{\mathrm{d}U}{\mathrm{d}I}-I$）得出样品的串联电阻值[29][30]，其结果如表 5.2 所示。从表中可以看出，随着退火温度的升高，串联电阻的变化趋势是无规则的。无 Ag 表面等离子体时，硅纳米晶的串联电阻为 37.4 Ω，经过简单的超声后，样品在室温下的串联电阻为 29.9 Ω，低于硅纳米晶的电阻。但从图 5.18 中得知，硅纳米晶的电致发光强度和室温下的电致发光强度基本相同，同样在退火温度为 200 °C 时，样品的串联电阻为 33.5 Ω，高于室温、400 °C 和 600 °C 时的串联电阻；同时还可得出 200 °C 时的电致发光强度远远高于室温和 400 °C、600 °C 时的强度，是 5 种样品中最强的。因此通过讨论得出，硅纳米晶的电致发光增强趋势与串联电阻的变化趋势不一致，所以电致发光强度的增强与串联电阻无关，硅纳米晶发光强度的增强是由表面等离子体的存在引起的。

表 5.2　经过不同退火温度后的样品的串联电阻

样品	硅纳米晶	室温	200 °C	400 °C	600 °C
R_s/Ω	37.4	29.9	33.5	32.8	23.2

相关文献指出，界面态的引入可增强硅纳米晶的发光强度[31]。由于采用高温相分离的方法制备的硅纳米晶的密度较低，因此包裹在 SiO_2 中的硅纳米晶薄膜可看成是 SiO_2，即 Ag 与 SiO_2 薄膜和 Ag 与硅纳米晶中的界面态相同。如图 5.16 和图 5.18 所示为 SiO_2 薄膜与硅纳米晶样品的电致发光谱，从图中可以看出，SiO_2 薄膜与硅纳米晶的电致发光强度变化趋势基本相同，当退火温度为 200 °C 时，其电致发光强度最大，硅纳米晶中的电致发光强度是无 Ag 纳米颗粒时的 5.2 倍，而 SiO_2 薄膜中的电致发光强度是无 Ag 纳米颗粒时的 2.1 倍；在硅纳米晶中，无 Ag 纳米颗粒和在室温下的电致发光强度基本保持不变，而在 SiO_2 薄膜中无 Ag 纳米颗粒和在室温下，电致发光强度相差较大。因此，硅纳米晶的发光强度的增加不是由 Ag 与 SiO_2 间的界面态引起的。

5.5　本章小结

本章提出了另一种提高硅纳米晶发光强度的方法，即通过加入 Ag 表面等离子体来提高硅纳米晶的发光强度。首先，介绍了一种简便、快捷的方法来制备 Ag 表面等离子体，测量其吸收谱，得出在退火温度为 200 °C 时，吸收最强。然后，将 Ag 纳米颗粒应用于 SiO_2 薄膜上，

可提高 SiO_2 的发光强度。之后，将 Ag 纳米颗粒应用于硅纳米晶发光二极管中，在退火温度为 200 °C 时，其电致发光强度增加了 5.2 倍；最后研究了不同退火温度下样品的串联电阻，得出硅纳米晶的电致发光强度增强是由表面等离子体的存在引起的，而不是由串联电阻的减小引起的。

参考文献

[1] CHEN Y, MING H. Review of surface Plasmon resonance and localized surface Plasmon resonance sensor[J]. Photonic Sensors, 2012, 2(1): 37-49.

[2] PETRYAYEVA E, KRULL U J. Localized surface Plasmon resonance: Nanostructures, bioassays and biosensing[J]. Analytica Chimica Acta, 2011, 706(1): 8-24.

[3] OKAMOTO K, MIKI I, SHVARTSER A, et al. Surface-plasmon-enhanced light emitters based on InGaN quantum wells[J]. Nature Materials, 2004, 3(9): 601-605.

[4] CHEN X, JIA B, SAHA J K, et al. Broadband enhancement in thin-film amorphous silicon solar cells enabled by nucleated silver nanoparticles[J]. Nano Letters, 2012, 12(5): 2187.

[5] AWAZU K, FUJIMAKI M, ROCKSTUHL C, et al. Plasmonic Photocatalyst Consisting of Silver Nanoparticles Embedded in Titanium Dioxide[J]. Journal of the American Chemical Society, 2008, 130: 1676-1680.

[6] WU F, HU X, FAN J, et al. Photocatalytic Activity of Ag/TiO_2 Nanotube Arrays Enhanced by Surface Plasmon Resonance and Application in Hydrogen Evolution by Water Splitting[J]. Plasmonics, 2013, 8: 501-508.

[7] STILES P L, DIERINGER J A, SHAH N C, et al. Surface-Enhanced Raman Spectroscopy[J]. Annual Review of Analytical Chemistry, 2008, 1(1): 601-626.

[8] HUH C, CHOI C J, KIM W, et al. Enhancement in light emission

efficiency of Si nanocrystal light-emitting diodes by a surface plasmon coupling[J]. Applied Physics Letters, 2013, 100: 92-149.

[9] CHU M W, MYROSHNYCHENKO V, CHEN C H, et al. Probing bright and dark surface-plasmon modes in individual and coupled noble metal nanoparticles using an electron beam[J]. Nano Letters, 2009, 9(1): 399-404.

[10] CHENG C H, LIEN Y C, WU C L, et al. Mutlicolor electroluminescent Si quantum dots embedded in SiOx thin film MOSLED with 2.4% external quantum efficiency[J]. Optics Express, 2013, 21: 391-403.

[11] PRASAD P N. Nanophotonics[M]. New Jersey: Wiley & Sons, 2004.

[12] MORARESCU R, SHEN H, WALLEE RAL, et al. Exploiting the localized surface plasmon modes in gold triangular nanoparticles for sensing Applications[J]. Journal of Materials Chemistry, 2012, 22, 23: 11537-11542.

[13] MAIER S A. Plasmonics: fundanmentals and Applications[J]. Springer Berlin, 2007, 52(11): 49-74.

[14] ZHANG S, BAO K, HALAS N J, et al. Substrate-Induced Fano Resonances of a Plasmonic Nanocube: A Route to Increased-Sensitivity Localized Surface Plasmon Resonance Sensors Revealed[J]. Nano Letters, 2011, 11(4): 1657-1663.

[15] 吕柳. 纳米金属和荧光量子点复合体系的局域表面等离子体增强荧光的研究[D]. 合肥：中国科学技术大学，2009.

[16] KANG T, YOON I, JEON K S, et al. Creating Well-Defined Hot Spots for Surface-Enhanced Raman Scattering by Single-Crystalline Noble Metal Nanowire Pairs[J]. The Journal of Physical Chemistry C, 2009, 113(18): 7492.

[17] MERTENS H. Controlling Plasmon-enhanced luminescence[D]. Utrecht: Utrecht University, 2007.

[18] DREXHAGE K H. Interaction of light with monomolecular dye layers[J]. Progress in Optics, 1974, 12: 163-232.

[19] HOLMES J D, ZIEGLER K J, DOTYRC, et al. Highly Luminescent

Silicon Nanocrystals with Discrete Optical Transitions [J]. Journal of the American Chemical Society, 2001, 123: 3743-3748.

[20] GOFFARD J, GERARD D, MISKA P, et al. Plasmonic engineering of spontaneous emission from silicon nanocrystals[J]. Scientifie Reports, 2013, 3(9): 2672.

[21] YUAN Z H, ZHOU W, DUAN Y Q, et al. A simple approach for large-area fabrication of Ag nanorings[J]. Nanotechnology, 2008, 19: 075608.

[22] TUNG R T. Formation of an electric dipole at metal-semiconductor interfaces[J]. Physical Review B, 2001, 64: 205310.

[23] SAKAMOTO M, HA J Y, YONESHIMA S, et al. Free silver ion as the main cause of acute and chronic toxicity of silver nanoparticles to cladocerans[J]. Archives of Environmental Contamination & Toxicol, 2014, 68: 500-509.

[24] LAKOWICZ J R, SHEN Y, AURIA S D, et al. Radiative decay engineering 2. Effects of silver island films on fluorescence intensity, lifetimes and resonance energy transfer[J]. Analytical Biochemistry, 2002, 301: 261-277.

[25] ZHOU Z Q, QIU Y, SHI W, et al. Surface plasmons on Ag-NPs induced via ultrasonic and thermal treatments and the enhancement of Si photoluminescence[J]. Physica E, 2014, 64(6): 63-67.

[26] BRUIJN H S, CASAS A G, DI V G, et al. Light fractionated ALA-PDT enhances therapeutic efficacy in vitro; the influence of PpIX concentration and illumination parameters[J]. Photochemical & photobiological Sciences, 2013, 12: 241-245.

[27] CHEN J R, ZHOU Z Q, HAO H C, et al. Enhancing brightness of Si nanocrystal light-emitting device via an electro-excited surface plasmons[J]. Nanotechnology, 2014, 25: 355203.

[28] FALTAKH H, BOURGUIGA R, RABHA M B, et al. Simulation and optimization of the performance of multicrystalline silicon solar cell using porous silicon antireflection coating layer[J]. Superlattices & Microstructures, 2014, 72: 283-295.

[29] MANGOLINI L, THIMSEN E, KORTSHAGEN U, et al. High-Yield Plasma Synthesis of Luminescent Silicon Nanocrystals [J]. Nano Letters, 2005, 5: 655-659.
[30] WANG D C, CHEN J R, ZHU J, et al. On the spectral difference between electroluminescence and photoluminescence of Si nanocrystals: a mechanism study of electroluminescence[J]. Journal of Nanoparticle Research, 2013, 15(15): 1-7.
[31] BENICK J, HOEX B, SANDEN M, et al. High efficiency n-type Si solar cells on Al_2O_3-passivated boron emitters[J]. Applied Physics Letters, 2008, 92: 253504-253504-3.

6 量产硅量子点的制备及其发光研究

总结前面的工作发现，要寻找一种具有实用价值的光谱调制材料，需要比较高的要求。除了光谱调制特性、物理化学性质等硬性要求以外，材料本身的制备方法、制备成本，也对这一材料是否能够切实应用到器件中，起到了决定性的作用。对于前面介绍的硅量子点的发光而言，硅量子点的密度太低，发光性能还有不足，因此，需寻求其他方法来提高硅量子点的发光强度。

6.1 量产硅量子点的制备方法

制备硅量子点的方法主要有硅原子的自组织生长和块体硅材料的粉碎或腐蚀等。在自组织生长中，由于要求的真空度高，生长过程或者整个工艺过程耗时漫长[1][2]，因此，本章主要采用化学腐蚀的方法来制备量产的硅量子点。该方法具有无须真空环境、快速且精度可控等优点。

6.1.1 化学腐蚀的基本原理

以尺寸较大的、均匀的硅纳米颗粒作为原料，经过化学控制腐蚀后即可得到尺寸较小的硅量子点。该方法的基本原理是利用硝酸和氢氟酸作为混合腐蚀酸液对硅纳米颗粒进行腐蚀[3][4][5]，其酸液的浓度等因素将影响硅的腐蚀速率，从而控制硅量子点的尺寸。在整个腐蚀过程中，反应过程分为两步：

第一步：硝酸氧化硅表面，形成二氧化硅，其反应式为[6][7]

$$3Si+4HNO_3 \rightarrow 3SiO_2+4NO+2H_2O \tag{6.1}$$

第二步：氢氟酸与氧化的二氧化硅进行反应，实现腐蚀过程，其反应式为

$$SiO_2+6HF \rightarrow H_2SiF_6+2H_2O \tag{6.2}$$

总的反应式为

$$3Si+4HNO_3+18HF \rightarrow 3H_2SiF_6+4NO+8H_2O \tag{6.3}$$

在化学腐蚀过程中，除了通过控制酸液的浓度和反应时间来控制反应速率之外，还可通过选用大功率超声波或者电磁搅拌等方法来控制其反应速率。两者相比，电磁搅拌更适合大规模生产，同时也更容易在搅拌的同时配置监控设备。

6.1.2 量产硅量子点的制备步骤

实验中，以北京德科岛晶材料有限公司提供的纯度为 5 N（99.999%）、尺寸为 50 nm 的硅纳米颗粒作为原材料。其 SEM 图如图 6.1 所示，从图中可以看出，由于原材料的不均匀，导致了腐蚀后的硅量子点的尺寸分布也不均匀。

图 6.1 作为原材料的硅纳米颗粒的 SEM 图

制备量产硅量子点的具体步骤[8][9][10]（见图 6.2）如下：

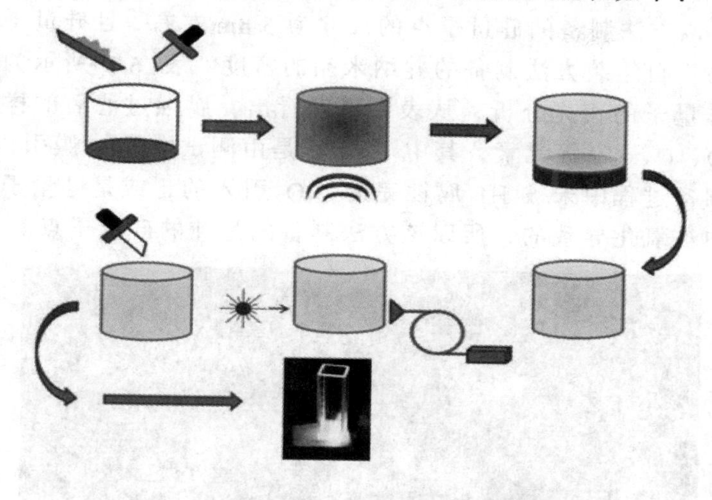

图 6.2　量产硅量子点制备流程图

（1）利用天平称量尺寸为 50 nm、纯度为 5 N 的硅纳米颗粒 100 mg 待用。

（2）利用移液器，取出 500 μL 的水和 500 μL 的甲醇溶液，倒入事先洗净的 50 mL 的烧杯中，待用。

（3）将称取的 100 mg 硅粉倒入水和甲醇的混合溶液中，预超声 5 min，使硅粉和溶液充分混合。为了避免甲醇的挥发，此时不需要开启通风柜。

（4）向含硅粉的混合溶液中加入 200 μL 的硝酸和 200 μL 的氢氟酸，先加硝酸再加氢氟酸，开启超声振荡和通风柜，腐蚀反应开始。

（5）当反应时间为 15 min 时，开始进入泡沫状态；20 min 时，用波长为 405 nm 的半导体激光器和光纤光谱仪监测，有红光出现。

（6）开启电热恒温干燥箱，将反应完成后的溶液放入恒温箱中，在温度为 115 °C 下烘烤 20 min。

（7）烘烤完成冷却到室温后，加入 10 mL 的甲醇溶解进行超声，再经过 120 °C 烘烤 20 min，其目的是将残留的酸液去掉。

（8）加入 10 mL 的甲醇和 2 mL 的水溶液混合超声 5 min，经过过滤之后可得到尺寸均匀的硅量子点。

图 6.3 所示为按照上述方法制备的硅量子点的 TEM 图，从图中可以看出，该方法制备的硅量子点的尺寸为 5 nm 左右，且硅量子点的浓度远远高于自组装方法制备的硅纳米晶的密度。表 6.1 所示为腐蚀过滤后的硅量子的荧光分析，从表中可以看出，腐蚀过滤后的样品中含有 Si、O、C、Cu 等元素，其中 C、Cu 是由测试中的 C 膜引入的，O 是由于制备过程中未被 HF 腐蚀完的 SiO_2 引入的，或是硅量子点暴露在空气中被氧化导致的，所以该方法制备的是纯的硅量子点。

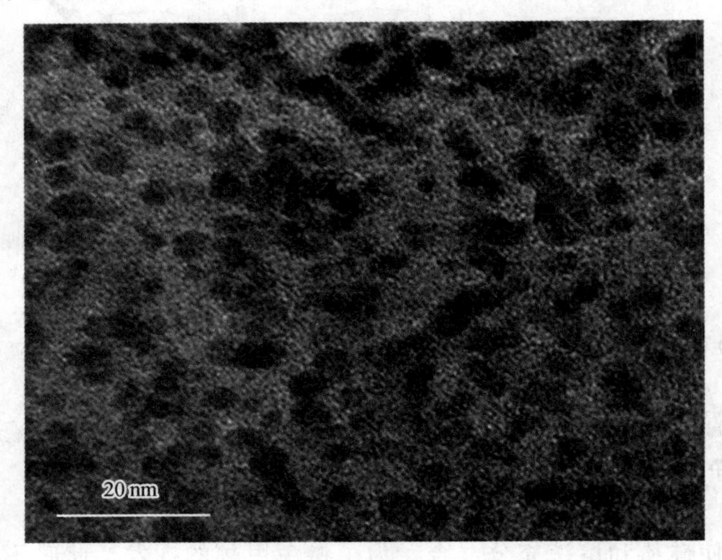

图 6.3　腐蚀方法制备的硅量子点的 TEM 图

表 6.1　腐蚀后的硅量子点的 TEM-EDX

Element	Peak Area	Area Sigma	*k* factor	Abs Corrn.	Weight/%	Weight Sigma/%	Atomic/%
C	945	74	2.208	1.000	21.78	1.40	48.80
O	563	54	1.810	1.000	10.65	0.94	17.91
Si	835	53	1.000	1.000	8.72	0.55	8.35
Cu	4 128	106	1.366	1.000	58.85	1.36	24.93

将制备好的量产硅量子点放入预先制备好的 SOG 中[11][12]旋涂成膜，SOG 的制备方法如下：

（1）配制②号溶液。在洗净的烧杯中加入 20 mL 乙醇，然后加入 8 mL 去离子水和 0.12 mL 盐酸，将混合溶液在电磁搅拌器上搅拌 5 min，待用。

（2）配制①号溶液。在另一个洗净的烧杯中加入 20 mL 乙醇，然后加入 4.4 mL 正硅酸乙酯，将混合溶液在电磁搅拌器上搅拌 5 min，待用。

（3）将搅拌好的②号溶液转移到分液漏斗中，然后将分液漏斗放在铁架台上，调整适当的高度和位置，使其滴入①号溶液中。

（4）将盛有①号溶液的烧杯放置在电磁搅拌器上，打开旋转设备使其持续搅拌，缓慢转动分液漏斗旋钮，使②号溶液滴入①号溶液中的滴速为 0.2 滴/s。将速率调节完毕后，利用铝箔纸包裹漏斗嘴和烧杯口，使其反应环境形成一个封闭环境。

（5）待①号溶液滴完后，使其混合溶液继续保持搅拌 3 h，待搅拌结束后，将烧杯口封闭，并放置在避光环境下，陈化 24 h，则 SOG 制备完成。将其封装在密闭瓶中，待用。

（6）将制备好的 SOG 按照一定的浓度加入量产的硅量子点中，后面章节将讨论。

其中，① 号溶液为 4.4 mL $Si(C_2H_5O)_4$+50 mL C_2H_5OH；

② 号溶液为 8 mL H_2O+0.12 mL HCl+50 mL C_2H_5OH；

使 H_2O、$Si(C_2H_5O)_4$、HCl、C_2H_5OH 含量为 4：2.2：0.06：50。

6.2　量产硅量子点的光学性质和结构表征

6.2.1　光致发光谱

图 6.4 所示为使用化学腐蚀方法制备的过滤前的硅量子点溶液的光致发光谱，从图中可以看出，该溶液的发光峰位为 680 nm 左右，且该溶液发红光（见图 6.4 插图）。与自组织方法制备的硅纳米晶相比，该方法制备的硅量子点的发光峰位的半高宽更小，发光强度较大，说明该方法制备的量产硅量子点的尺寸更加均匀[13][14]，密度更大，有利于提高硅量子点的发光强度。

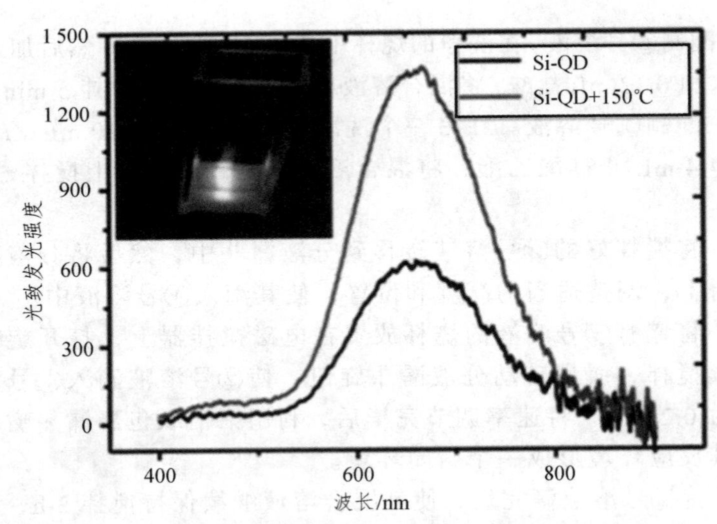

图 6.4　过滤前的硅量子点溶液的光致发光谱

6.2.2　TEM 图

图 6.5 所示为量产硅量子点溶液的 TEM 图，从图中可以看出，化学腐蚀方法制备的硅量子点的尺寸较为均匀，其大小为 3 ~ 5 nm，与光致发光的结果一致[15][16]。

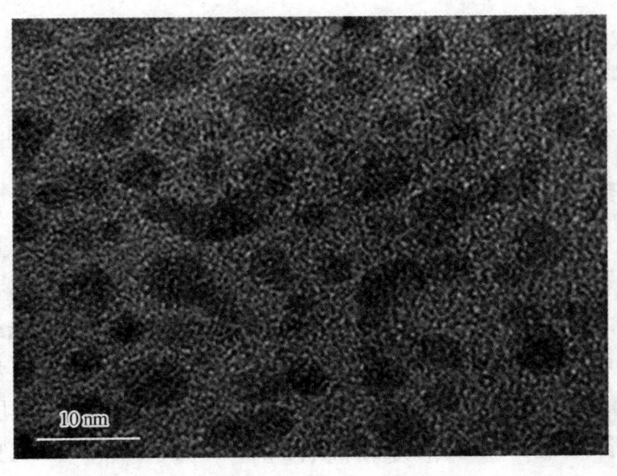

图 6.5　量产硅量子点溶液的 TEM 图

6.2.3 AFM 图

图 6.6 所示为将制备好的硅量子点溶液取出 800 μL，通过高速离心的方法沉积到 ITO 衬底上的 AFM 图。离心参数转速为 7 000 r/min，时间为 90 min，其目的是使离心过程中甲醇和水溶液完全挥发。

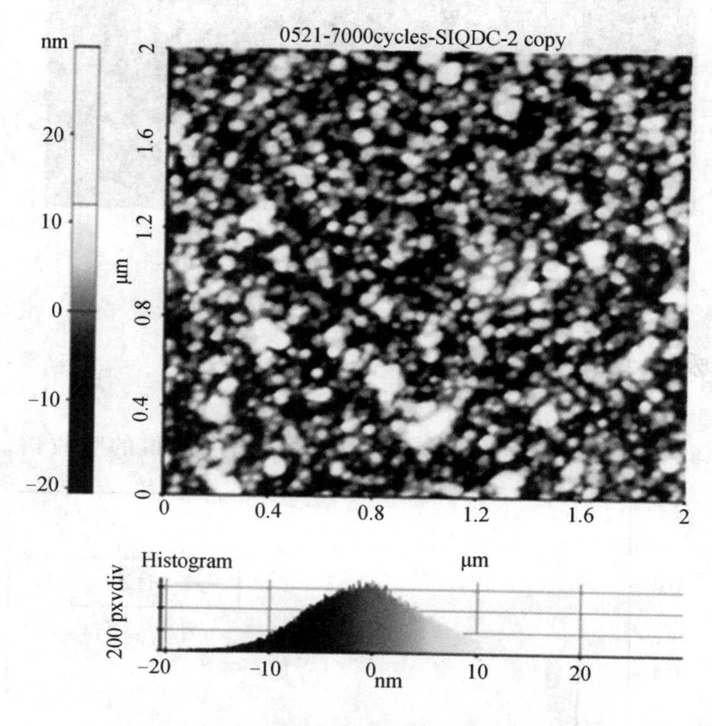

图 6.6 量产硅量子点的 AFM 图

6.2.4 SEM 图

图 6.7 所示为使用化学腐蚀方法制备的硅量子点溶液，取出 1 mL 溶液通过转速为 7 000 r/min 旋涂后得到的 SEM 图，从图中可以看出，此方法制备的硅量子点的浓度较高，且处于密堆的状态。

图 6.7 量产 Si 量子点的 SEM 图

6.2.5 吸收谱

图 6.8 所示为量产硅量子点溶液通过过滤后所得的吸收谱。

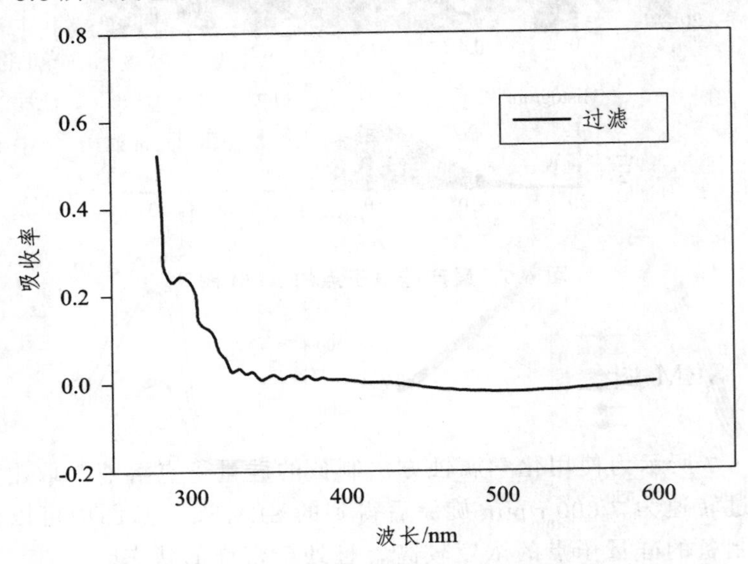

图 6.8 量产硅量子点的吸收谱

6.3　量产硅量子点的光致发光及电致发光研究

6.3.1　量产硅量子点的光致发光研究

图 6.9 所示为过滤前的硅量子点溶液转移到硅片衬底上，然后在不同退火温度下 H 钝化后所测得的光致发光谱。其中图（a）为归一化的光致发光谱，该样品是将每层溶液量为 50 μL、层数为 20 层、总量为 1 mL 的硅量子点溶液滴在硅片上，使其自然晾干，然后经过不同退火温度和时间 H 钝化得到的结果。其中，a 表示每层溶液量为 50 μL、层数为 20 层、总容量为 1 mL 的硅量子点溶液样品；b 表示 20 层的硅量子点溶液在流量为 220 sccm（1 sccm=1 mL/min）的 H_2+N_2 氛围下进行退火，其退火温度为 300 °C，退火时间为 10 min；c 表示 b 样品在 H_2+N_2 环境中再进行温度为 450 °C、退火时间为 60 min 的 H 钝化；d 表示将 c 样品再进行温度为 450 °C、时间为 30 min 的热退火；e 表示将 d 样品再进行温度为 600 °C、时间为 30 min 的热退火；f 表示将 e 样品进行温度为 600 °C、时间为 60 min 的热退火。

从图 6.9（a）中可以看出，随着退火温度的增加，硅量子点的发光峰位有红移，且当温度低于 600 °C 时，随着退火温度和时间的增加，其光致发光强度也有所增强。其原因在于随着退火温度的增加，硅与二氧化硅之间的悬挂键得到一定的饱和[17][18]，即非辐射复合中心数目减少，所以其光致发光强度有所增强。

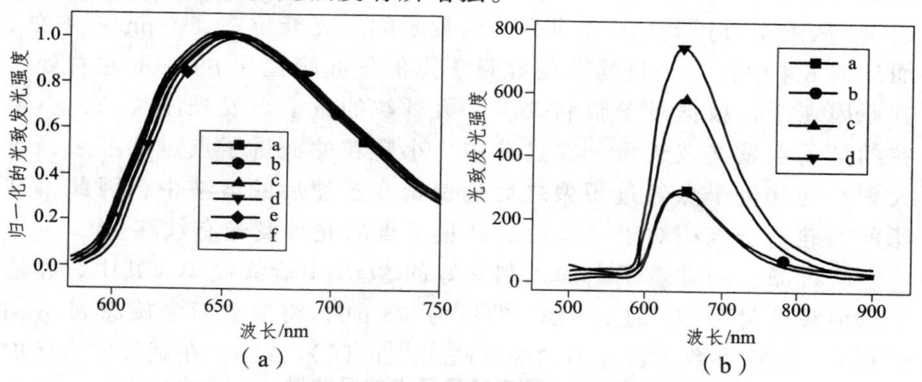

图 6.9　不同 H 钝化后量产硅量子点的光致发光谱

图 6.10 所示为在不同的衬底材料上制备的量产硅量子点的 SEM 图，其中图（a）为在氧化铟锡（ITO 玻璃）上的硅量子点，图（b）为在 p-Si 衬底材料上的硅量子点。图（a）中可以观察到尺寸大小为 10 nm 左右的分布均匀的、密堆积的硅量子点，而在图（b）上则不能观察到密堆积的硅量子点。图 6.9 则显示能测试出 p-Si 衬底上的硅量子点的光致发光强度，这表明在 p-Si 衬底上有硅量子点存在，但是无法通过 SEM 观察到。其原因可能在于 ITO 玻璃上的表面张力较大，p-Si 片上的表面张力较小，该表面张力对硅量子点的分布具有一定的影响，因此 ITO 上的硅量子点分布清晰可见。

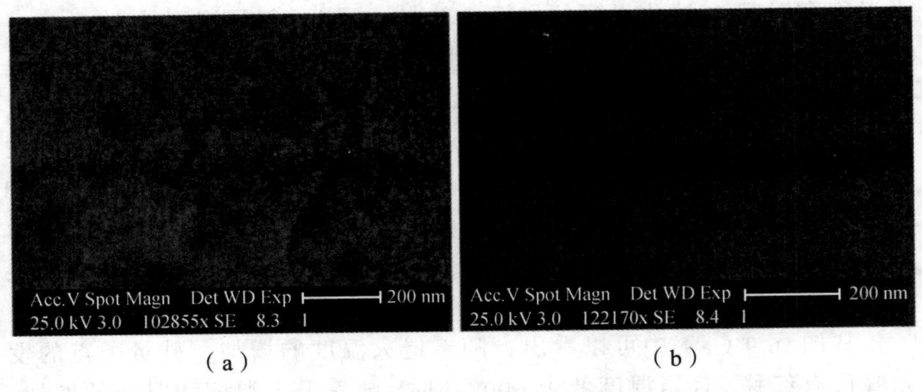

（a）　　　　　　　　　　（b）

图 6.10　不同衬底材料上的硅量子点的 SEM 图

将制备好的硅量子点溶液用孔径为 100 nm 的滤纸进行过滤后，用高速离心沉积的方法制备在 p-Si 衬底上，得到如图 6.11 所示的光致发光谱。从图中可以看出，过滤后的硅量子的发光峰位在 450 nm 左右处，而从图 6.4 中得知，过滤前的硅量子点的发光峰位在 680 nm 左右处。其原因在于，根据量子限制效应，大颗粒的量子点发光波长长，小颗粒的量子点发光波长短，在过滤中，小颗粒的硅量子点过滤下来，而大颗粒的硅量子点经过团聚之后仍保留在过滤后的溶液中，因此，过滤前的硅量子点相对于过滤后的硅量子点的光致发光有红移。

将过滤后的硅量子点加入制备好的 SOG 中旋涂成膜，其中，硅量子点溶液的量为 75 μL，SOG 的量为 75 μL，将混合溶液旋涂到 p-Si 衬底上，旋涂参数：转速为 2 500 r/min，时间为 30 s，在氩气作为保护气体的环境下进行高温退火，其流量为 220 sccm（1 sccm=1 mL/min），退火时间为 30 min，得到如图 6.12 所示的在不同退火温度下硅量子点的光致发光谱。

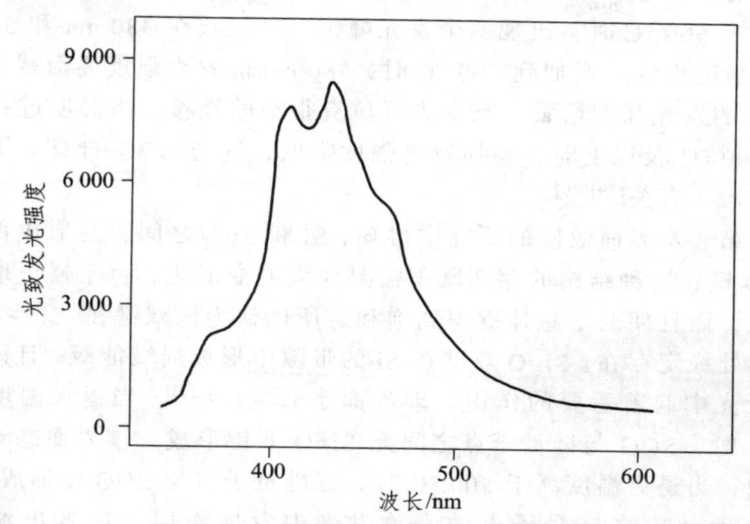

图 6.11　过滤后的硅量子点的光致发光谱

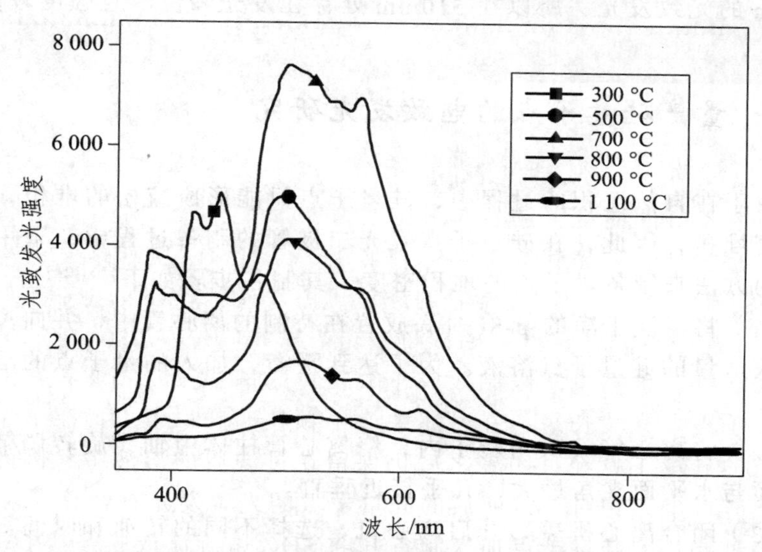

图 6.12　不同退火温度下硅量子点的光致发光谱

从图 6.12 中可以看出，当退火温度为 300 °C 时，硅量子点的发光峰位在 450 nm 左右处，与过滤后的硅量子点的发光峰基本相同，这表明在温度为 300 °C 时，SOG 不起作用。随着退火温度的增加，发光峰位有红移，并且发光强度随着退火温度的增加，先增加后降低，当退火温度为 500 °C 时，出现两个发光峰位，其波长在 380 nm 和 510 nm 之间，当退火温度增加到 700 °C 时，380 nm 的发光强度逐渐减弱，而 510 nm 的发光强度增强，且发光峰位有很小的红移。当温度进一步升高到 800 °C 及以上时，整体发光强度降低，这与 SOG 自身非辐射缺陷中心增多有关[19][20]。

在第 3 章界面效应的研究中得知，Si 和 SiO_2 之间容易形成稳定的 Si=O 双键，这种结构的存在既不需要太大的变形能，也不需要增加新的元素，而且使两个悬挂键得到饱和，所以认为该双键在 Si 和 SiO_2 的界面处稳定存在。Si=O 双键在 Si 的带隙中形成局域能级，且该界面区在荧光中起着重要的作用，即界面态效应[21][22]。当退火温度低于 500 °C 时，SOG 与硅量子点之间无 Si=O 双键形成，该界面态对发光无影响；当退火温度高于 500 °C 时，在硅量子点与 SOG 中形成界面，且该界面效应在硅量子点的光致发光中发挥作用，即发出波长为 510 nm 的光致发光，所以在 510 nm 处存在发光峰位，且强度较高。

6.3.2 量产硅量子点的电致发光研究

由于在自然沉积的过程中，硅量子点只能形成疏松的堆积，很难实现密堆积，因此，在硅量子点发光二极管的制备过程中，采用高速离心的方法来制备量子点的堆积密度，其制备步骤如下[23][24]：

（1）将清洗干净的 p-Si 衬底放置在特制的离心管中，并向离心管内加入适量的硅量子点溶液。为了达到平衡，加入的量子点的溶液需等量。

（2）将离心管放入角转子内，绕离心管柱体中轴线旋转调节，使得底面与水平面夹角最大，几乎接近垂直。

（3）闭合离心机盖，开启离心机，选择不同的转速和时间。转速根据实验的需要而确定，不同的转速得出不同的密堆积；离心时间则根据所加溶液的剂量和硅量子点的挥发速率来确定。离心结束后，管内溶液已完全挥发。

（4）取出制备好的硅量子点样品，薄膜制备完成。

（5）利用前面章节介绍的方法，在前、后面分别蒸镀 Al 电极，退火后即可形成含硅量子点的发光二极管。

图 6.13 所示为在 p-Si 衬底上制备的量产硅量子点在不同电压下的电致发光谱，该样品的电致发光峰位在 600 nm 左右处，随着外加偏压的增加而降低，且其发光强度比硅纳米晶的低，原因可能是硅量子点的浓度较低，或硅量子点的堆积密度较差，因此，硅量子点的电致发光还有待进一步研究[25][26]。

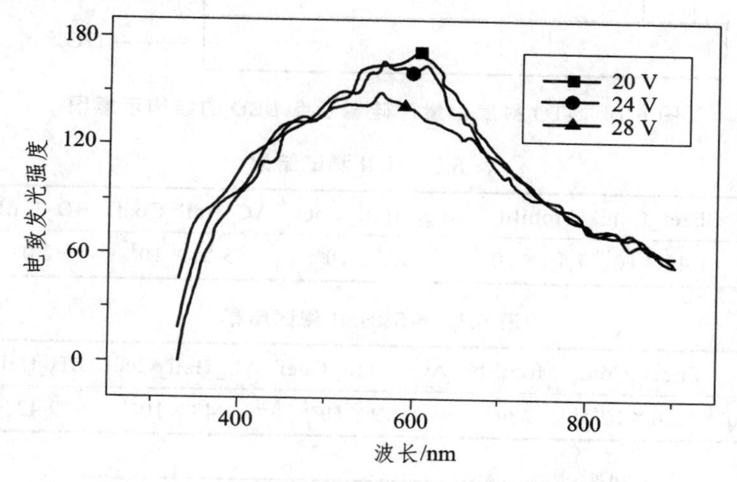

图 6.13　不同电压下的硅量子点的电致发光谱

如图 6.10 所示，硅量子点在不同的衬底材料上的分布情况不同，ITO 玻璃上的硅量子点分布比 p-Si 上的好，因此，在 ITO 玻璃上制备量产硅量子点的发光二极管，其结构示意图如图 6.14 所示。ITO 玻璃的大小为 10 mm×10 mm×0.5 mm，通过高速离心将硅量子点制备到 ITO 玻璃上，再在硅量子点上通过扩散的方法制备 p-Si，其制备步骤如下：

（1）利用电子束蒸发的方法制备厚度为 300 nm 的 p-Si 薄膜[27][28]，由于在制备过程中有其他杂质的引入，所以通过测量其 Hall 系数得出制备的 p-Si 不是 p 型的，其结果如表 6.2 所示。

（2）将制备好的非 p-Si 薄膜旋涂上 B 墨，其旋涂转速为 3 000 r/min，旋涂时间为 t=30 s。

（3）将旋涂好 B 墨的 Si 片放入温度为 900 °C 的高温退火炉中进

行扩散[29]，扩散时间为 1 h，其 Hall 测量结果及 SIM 结果如表 6.3 和图 6.15 所示。

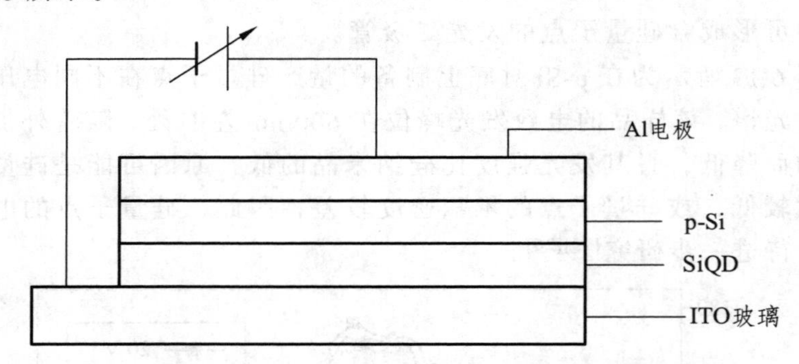

图 6.14 ITO 衬底上量产硅量子点 LED 的结构示意图

表 6.2 Hall 测试结果

I/A	Sheet_Con.	Mobility	Avg._Hall_Coef.	AC_Hall_Coef.	BD_Hall_Coef.
1×10^{-7}	-1.42×10^{10}	7.10×10^{-1}	-1.77×10^{4}	-3.51×10^{4}	-2.01×10^{2}

表 6.3 p-Si Hall 测试结果

I/A	Sheet_Con.	Mobility	Avg._Hall_Coef.	AC_Hall_Coef.	BD_Hall_Coef.
1.00×10^{-2}	5.26×10^{15}	2.66	1.19×10^{-1}	1.43×10^{-1}	9.42×10^{-2}

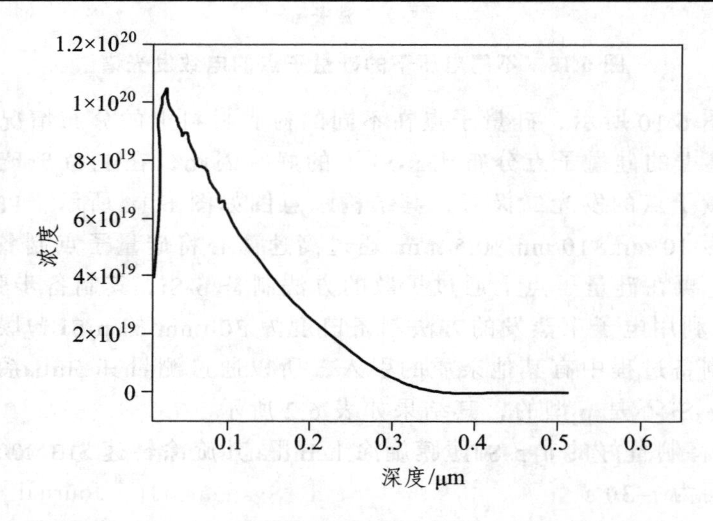

图 6.15 B 扩散的 SIMS

从表 6.3 中可以看出，通过 B 扩散后制备的 Si 薄膜是 p 型的，通过温度为 900 °C、时间为 1 h 的高温扩散，其扩散深度为 200 nm 左右。

关于 ITO 衬底上的量产硅量子点的发光二极管的电致发光强度的研究，以及提高硅量子点的电致发光强度还有待进一步研究。

6.4 本章小结

本章首先介绍了利用化学腐蚀法制备量产硅量子点的原理及其步骤，测量了硅量子点的光致发光强度、AFM 和 TEM，得出通过此方法制备的硅量子点的发光峰位在 650 nm 处，且发光峰半高宽较窄，这说明硅量子点的均匀性较好，且硅量子点的尺寸为 3 ~ 5 nm；其次研究了不同 H 钝化条件下硅量子点的光致发光强度，将硅量子点掺入 SOG 中，经过高温热退火后，其发光峰位发生了红移；最后研究了 p-Si 衬底上的硅量子点的电致发光强度，其值较小，因此关于 ITO 衬底上的电致发光强度及硅量子点的电致发光强度的提高还有待进一步研究。

参考文献

[1] XU J, MAKIHARA K, DEKI H, et al. Electroluminescence from Si quantum dots/SiO_2 multilayers with ultrathin oxide layers due to bipolar injection[J]. Solid State Communications, 2009, 149: 739-742.

[2] LIN G R, LIN C J, KUO H C, et al. Improving carrier transport and light emission in a silicon-nanocrystal based MOS light-emitting diode on silicon nanopillar array[J]. Applied Physics Letters, 2007, 91: 093122-093122-3.

[3] TURNER D R. On the Mechanism of Chemically Etching Germanium and Silicon [J]. Journal of the Electrochemical Society, 1960, 107: 810-816.

[4] SCHWARTZ B, ROBBINS H. Chemical Etching of Silicon: III . A Temperature Study in the Acid System [J]. Journal of the Electrochemical Society, 1961, 108: 365-372.

[5] ROBBINS H, SCHWARTZ B. Chemical Etching of Silicon: I . The System HF, HNO_3, and H_2O [J]. Journal of the Electrochemical Society, 1959, 106: 505-508.

[6] SATO K, TSUJI H, HIRAKURI K, et al. Controlled chemical etching for silicon nanocrystals with wavelength-tunable photoluminescence[J]. Chemical Communications, 2009, 25: 3759-3761.

[7] 郝洪辰. 量子点光致发光对商用晶硅太阳电池效率提升的研究[D]. 上海：复旦大学，2014.

[8] MORALES-SANCHEZ A, BARRETO J, DOMINGUEZ C, et al. The mechanism of electrical annihilation of conductive paths and charge trapping in silicon-rich oxides[J]. Nanotechnology, 2009, 20: 045201.

[9] TURNER D R, On the Mechanism of Chemically Etching Germanium and Silicon [J]. Journal of the Electrochemical Society, 1960, 107（10）: 810-816.

[10] SCHWARTZ B, ROBBINS H. Chemical Etching of Silicon: III. A Temperature Study in the Acid System [J]. Journal of the Electrochemical Society, 1961, 108(4): 365-372.

[11] LELIS A J, OLDHAM T K. Time Dependence of Switching Oxide Traps[J]. IEEE Transaction on nuclear science, 1994, 6: 1835-1844.

[12] AFANASEV V V, STESMANS A. Charge state of paramagnetic E' center in thermal SiO_2 layers on silicon[J]. Journal of physics-condensed matter, 2000, 10: 2285-2290.

[13] BRUS L. Luminescence of Silicon Materials: Chains, Sheets, Nanocrystals, Nanowires, Microcrystals and Porous Silicon[J]. Journal of Physical Chemistry, 1994, 98: 3575-3581.

[14] CHENG C H, LIEN Y C, WU C L, et al. Mutlicolor electroluminescent Si quantum dots embedded in SiOx thin film MOSLED with 2.4% external quantum efficiency[J]. Optics Express, 2013, 21: 391-403.

[15] HAO H C, SHI W, CHEN J R, et al. Mass production of Si quantum

dots for commercial c-Si solar cell efficiency improvement [J]. Materials Letters, 2014, 133: 80-82.
[16] MAKIMURA T, KONDO K, UEMATSU H, et al.Optical excitation of Er ions with 1.5 mm luminescence via the luminescent state in Si nanocrystallites embedded in SiO_2matrices[J]. Applied physics letters, 2003, 83: 5422-5424.
[17] CARTIER E, STATHIS J H, BUCHANAN D A, et al. Passivation and depassivation of silicon dangling bonds at the Si/SiO_2 interfaceby atomic hydrogen[J]. Applied Physics Letters , 1993, 63: 1510-1512.
[18] WILKINSON A R, ELLIMAN R G. Passivation of Si nanocrystals in SiO_2: Atomic versus molecular hydrogen[J]. Applied Physics Letters, 2003, 83: 5512-5514.
[19] 丘思畴. 半导体表面与界面物理[M]. 武汉:华中理工大学出版社, 1995.
[20] KAHLER U, HOFMEISTER H. Size evolution and photoluminescence of silicon nanocrystallites in evaporated SiOx thin film upon thermal processing[J]. Applied Physics A , 2002, 74: 13-17.
[21] WOLKIN M V, JOME J, FAUCHET P M, et al. Electronic states and luminescence in porous silicon quantum dots: the role of oxygen[J]. Physical Review Letters, 1999, 82: 197-200.
[22] RINNERT H, VERGNAT M. Influence of the barrier thickness on the photoluminescence properties of amorphous Si/SiO multilayers[J]. Journal of Luminescence, 2005, 113: 64-68.
[23] SATO K, TSUJI H, HIRAKURI K, et al. Controlled chemical etching for silicon nanocrystals with wavelength tunable photoluminescence [J]. Chemical Communications, 2009, 25: 3759-3761.
[24] JURBERGS D, ROGOJINA E, MANGOLINI L, et al. Silicon nanocrystals with ensemble quantum yields exceeding 60% [J]. Applied Physics Letters, 2006, 88: 233116.
[25] PARK N M, KIM T S, PARK S J, et al. Band gap engineering of amorphous silicon quantum dots for light-emitting diodes[J]. Applied Physics Letters, 2001, 78: 2575-2577.

[26] RAN G Z, CHEN Y, QIN W C, et al. Room-temperature 1.54 mm electroluminescence from Er-doped silicon-rich silicon oxide films deposited on N-Si substrates by magnetron sputtering[J]. Journal of applied physics, 2001, 90: 5835-5837.

[27] BENICK J, HOEX B, VAN DSMCM, et al. High efficiency n-type Si solar cells on Al_2O_3-passivated boron emitters[J]. Applied Physics Letters, 2008, 92: 253504.

[28] WANG D C, CHEN J R, ZHU J, et al. On the spectral difference between electroluminescence and photoluminescence of si nanocrystals: a mechanism study of electroluminescence[J]. Journal of nanoparticle Research, 2013, 15: 1-7.

[29] SVRCEK V, SLAOUI A, MULLER J C, et al. Silicon nanocrystals as light converter for solar cells[J]. Thin Solid Films, 2004, 451: 384-388.

7 硅纳米晶光学增益的增强研究

根据前面的研究得出，场效应和表面等离子体可提高硅纳米晶的发光强度，同样可以通过提高硅纳米晶的密度，对所制备的硅纳米晶进行后续处理。如通过氢钝化、掺杂、氧钝化等方法，可以大大提高硅纳米晶的光致发光强度，从而进行硅纳米晶的光学增益及其应用等方面的研究。

自从多孔硅发光现象被发现之后[1]，科学家们就开始积极地探索将硅制备成一种发光材料的可能性。由于多孔硅在化学上的不稳定性，因此无法被制备成可靠的光电子器件。而在科学家们找到多种方法制备纳米晶体硅颗粒之后，硅纳米晶就成为了一种最有希望制成硅光源的材料。

然而，在这条研究道路上，研究者们也并非一帆风顺。2000 年之前的研究还局限于多孔硅及其各种氧化产物的发光研究方面[2][3]，而当离子注入法被广泛使用以后，硅纳米晶的制备才迎来了一个发展的阶段，如化学气相沉积、物理气相沉积等方法被引入制备硅纳米晶的工艺当中。直到 L.Pavesi 领导的研究小组第一次测出以离子注入法制备的硅纳米晶为发光机制的材料的光学增益性质之后[4][5]，研究者才开始真正研究硅纳米晶作为发光增益材料的可能性[6][7]。之后，Pavesi 领导的小组集中力量，对硅纳米晶的光学增益、受激辐射性质进行了一系列研究[8][9]。但是结果却不太理想，也没有制备得出可用的硅纳米晶基发光器件[10]。台湾大学的林恭如教授领导的研究小组在过去的一段时间内也做了大量研究，如从波导结构的设计和化学气相沉积的方法上对硅纳米晶的发光和应用做了一系列研究工作[11][12]。

本章主要研究 H 钝化和 Ce^{3+}掺杂等两种后续处理对硅纳米晶的光学增益的增强，得出在不同的功率密度下样品的光学增益及其寿命。

7.1　硅纳米晶光学增益的测试方法与模拟计算

7.1.1　硅纳米晶光学增益的测试

1. 可调激发长度（Variable Stripe Length，VSL）测量方法简介[13][14]

VSL 是一种被广泛应用于测量半导体材料光学增益的方法，其结构示意图如图 7.1 所示。其基本原理是利用聚焦的条状光斑照射样品，使受到泵浦激励，从而发光。在测试过程中，通过改变被泵浦的样品的长度来改变增益介质的工作长度，测量在变化长度方向上的荧光信号的强弱，从而判断材料是否具有受激辐射光放大特性[15][16]。

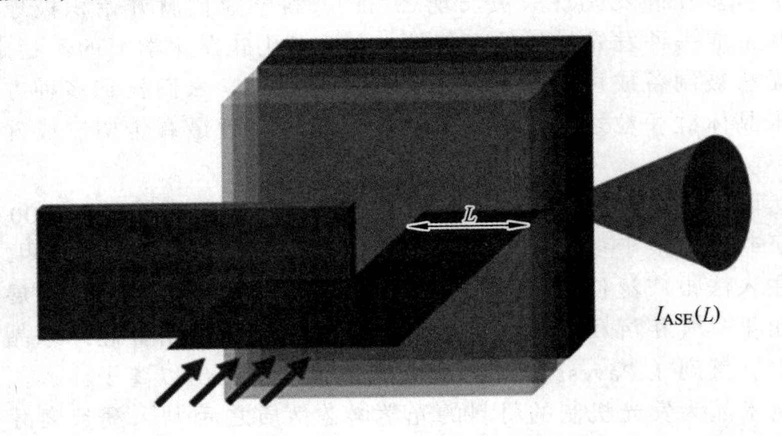

图 7.1　VSL 测量结构示意图

一般的光增益介质，在传播方向上存在着受激辐射光放大的光增益、散射、受激吸收等引起的光损耗，而作为激光增益介质，增益必须大于损耗。所以，通过改变激发光长度，分析所测得的信号——光强 I 与激发长度 L 之间的关系，可得到如图 7.2 所示的结果，图中 3 条曲线分别对应着 3 种不同的情况[17]：

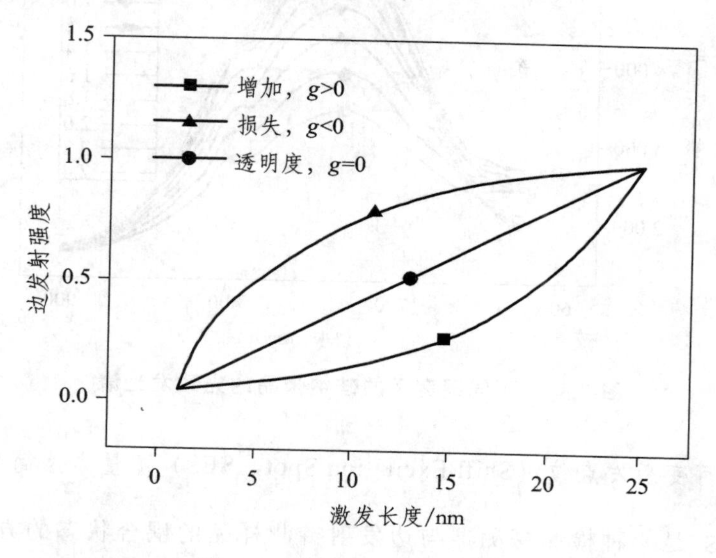

图 7.2　典型的 VSL 数据图

（1）材料内受激辐射放大大于各类损耗作用，材料整体呈光增益性质，I-L 曲线斜率随 L 增大而增大；

（2）材料内受激辐射放大与各类损耗平衡，材料整体呈透明性质，I-L 曲线呈线性关系；

（3）材料内部损耗大于受激辐射放大，材料整体成光损耗性质，I-L 曲线斜率随 L 增大而减小。

需要说明的是，由于测量所包含的误差、信号耦合损失、泵浦光的光强均匀度以及长度有限，所以 VSL 主要适用于测量各种增益系数较大的材料。

图 7.3 所示为利用 VSL 测量的光致发光强度值随泵浦长度的变化关系图，图中一条曲线对应一个缝宽值，随着泵浦长度的增加，其光致发光强度增强。实验测量过程中，采用 800 nm 的飞秒激光器进行倍频之后，得到 400 nm 的激光对样品进行泵浦，因此在波长 800 nm 处仍有激光成分存在。

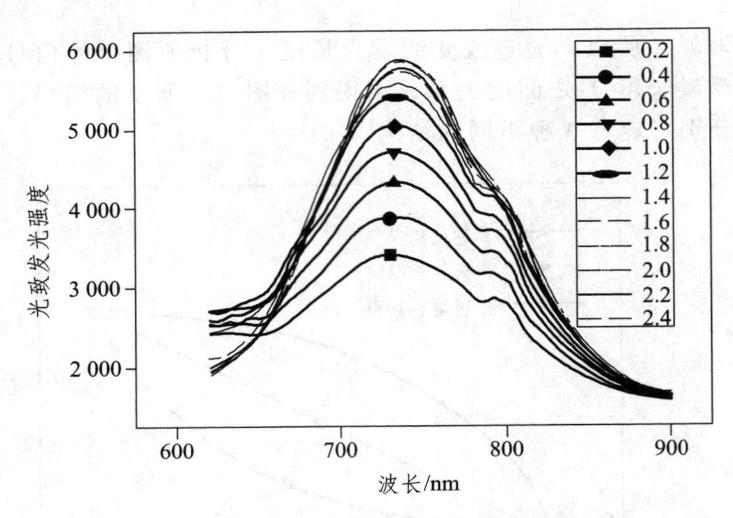

图 7.3　不同缝宽下的硅纳米晶的光致发光谱

2. 可变激发点位（Shift Excitation Spot，SES）测量方法简介[18][19]

SES 是一种检测探测器与边发射待测样品的耦合状态的方法，其结构示意图如图 7.4 所示。其基本原理是光在均匀介质中传播时，光强与传播距离呈 e 指数衰减。在实验中，通过 SES 测试来确定硅纳米晶薄膜的光学损耗。

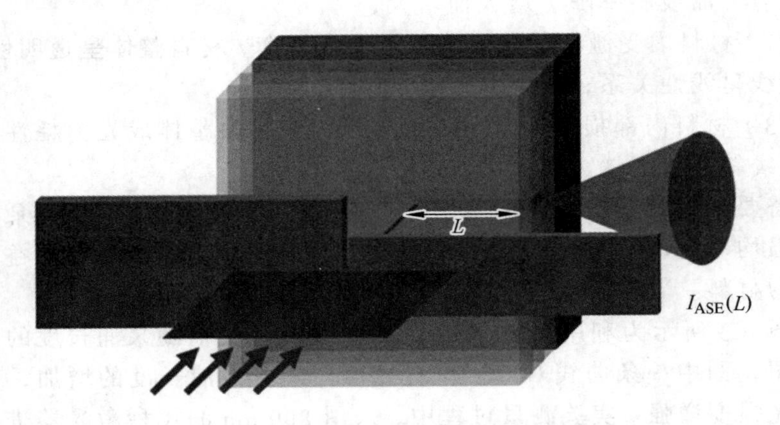

图 7.4　SES 测量结构示意图

在边发射测量中，最常见的误差是边发射的波导和探测器的入射窗口无法很好地耦合。除了位置的准确性外，波导输出的数值孔径和探测器入射的数值孔径如果无法很好地匹配，将导致测量到的信号与实际边发射信号存在非线性误差，从而导致 VSL 测量结果的可靠性无法判断。通过 SES 测量，在边发射波导上，移动一个小的激发光斑，相当于改变一个固定点的发射信号在平面波导内的传输距离。由于此时光信号通过的路程中，薄膜没有被泵浦，所以只存在散射和吸收损耗，不存在光学增益。因此，测量得到的信号应当随光斑距离到测量边缘距离的增加呈 e 指数衰减。如果这一条 *I-L*（区别于 VSL 中的 *I-L* 曲线，这里的 *L* 是光斑距离而不是泵浦样品长度）能够很好地与 e 指数拟合，说明耦合良好，不存在非线性误差[20]。

7.1.2　硅纳米晶光学增益的拟合计算

在硅纳米晶光学增益的测量中，由于存在吸收等损耗。因此，利用下面的公式对其结果进行拟合计算[21][22][23][24]。

$$I_{\mathrm{VSL}}(l,\ \lambda)-\int_0^l I_{\mathrm{SES}}(x,\ \lambda)\mathrm{d}x=I_0(\lambda)\times\left(\frac{\mathrm{e}^{G(\lambda)\cdot l}-1}{G(\lambda)}-\frac{1-\mathrm{e}^{-\alpha_{\mathrm{Tot}}(\lambda)\cdot l}}{\alpha_{\mathrm{Tot}}(\lambda)}\right) \quad (7.1)$$

式中，l 是缝宽；λ 是硅纳米晶的光致发光波长，其值为 740 nm；x 是激发点的位置坐标，在实验开始时其值为 $x=0$；I_0（λ）是自发辐射强度；G（λ）是光学增益；$\alpha_{\mathrm{Tot}}(\lambda)$ 是总的光学损耗。

$I_{\mathrm{VSL}}(l,\ \lambda)$ 测量的是边发射光致发光峰的强度，该值与缝宽 l、硅纳米晶的光致发光发射波长相关。$\int_0 I_{\mathrm{SES}}(x,\ \lambda)\mathrm{d}x$ 测量的是在测试过程中总的损耗。硅纳米晶理想的光学增益值为

$$g(\lambda)=G(\lambda)+\alpha_{\mathrm{Tot}}(\lambda)$$

单脉冲泵浦下硅纳米晶样品 t 时刻发光强度为

$$I(t)=I_0\exp\left[-\left(\frac{t}{\tau}\right)^{\beta}\right] \quad (7.2)$$

式中，$I(t)$ 为 t=0 时，光致发光的强度；β 为色散因子，其值为 $\beta=0\sim1$；τ 为荧光寿命。

7.2 样品的制备

利用前面介绍的制备硅纳米晶的方法，在大小为 10 mm×10 mm×0.5 mm 的石英衬底上制备硅纳米晶。本实验采用 SiO/SiO_2 多层结构，其中 SiO 厚度为 3 nm，SiO_2 厚度为 5 nm，周期为 30 周期，即样品中 SiO 的总厚度为 90 nm，SiO_2 厚度为 150 nm，样品的总厚度为 240 nm。将制备好的硅纳米晶进行氢钝化和 Ce^{3+}掺杂，在掺杂过程中 Ce^{3+}的渗透深度低于硅纳米晶的厚度，所以样品的 Ce^{3+}掺杂分为单面掺杂和双面掺杂。单面掺杂是在硅纳米晶的表面蒸镀 1 nm 的 CeF_3，然后在纯度为 99.99%的氮气中进行高温热退火，其参数退火温度为 500 °C，退火时间为 1 h，气体流量为 220 sccm（1 sccm=1 mL/min）；双面掺杂是首先在石英衬底上制备厚度为 100 nm 的 SiO_2（其目的是得到较好的波导结构），然后在 SiO_2 上生长厚度为 3 nm 的 CeF_3，并在 CeF_3 上蒸镀厚度为 70 nm 的 SiO_2（硅纳米晶制备好之后要进行 1 100 °C 的高温热退火，该 SiO_2 阻止 CeF_3 对硅纳米晶的形成），进行上表面的单面掺杂，最后利用单面掺杂的参数对样品进行高温热退火[25]。在室温下，利用 F-4500 光谱仪测试硅纳米晶的光致发光谱，氙灯的功率为 150 W，激发光波长为 300 nm。在 VSL 和 SES 的测量中，利用 Nd-YAG 脉冲激光器，激光波长为 355 nm，脉冲宽度为 5 ns，重复频率为 10 Hz，功率密度分别为 0.3 W/cm^2 和 0.04 W/cm^2，边发射的光信号由 Ocean Optics USB2000 光谱仪进行收集，积分时间为 800 ms，平滑度为 50，平均次数为 3。在时间分辨测试中，同样应用 Nd-YAG 脉冲激光器、Acton Spectra Pro 2579 光谱仪进行探测。

7.3 H 钝化与 Ce^{3+}掺杂对硅纳米晶光增益的增强研究

硅纳米晶经过不同的后续处理后，得到 6 种样品，分别标记为 S、H、D、D+H、DD、DD+H。其后续处理过程如下：

S 样品：硅纳米晶无任何后续处理；

H 样品：制备好的硅纳米晶经过 600 °C、30 min 的高温热退火；

D 样品：在硅纳米晶表面蒸镀 1 nm 的 CeF_3，然后经过 500 °C、1 h 的热退火；

D+H 样品：在硅纳米晶表面蒸镀 1 nm 的 CeF_3，经过 500 °C、1 h 的热退火后，再经过 600 °C、30 min 的高温热退火；

DD 样品：在 SiO_2 衬底上生长厚度为 3 nm 的 CeF_3，并在 CeF_3 上蒸镀厚度为 70 nm 的 SiO_2，然后在硅纳米晶表面蒸镀 1 nm 的 CeF_3，最后经过 500 °C、1 h 的热退火；

DD+H 样品：制备好的 DD 样品经过 600 °C、30 min 的高温热退火。

图 7.5 所示为利用 F-4500 光谱仪测试的 6 种样品在激发光波长为 300 nm 时的光致发光谱。从图中可以看出，6 种样品的发光峰位一致，均在 740 nm 处，经过 H 钝化和 Ce^{3+} 掺杂后，样品的光致发光都增强。其原因是样品进行 H 钝化后，硅纳米晶中的悬挂键被饱和，所以光致发光增强；经过 Ce^{3+} 掺杂后，能量从 Ce^{3+} 传递给硅纳米晶，同样光致发光也增强。当 Ce^{3+} 掺杂和 H 钝化共同作用于硅纳米晶样品时，其光致发光强度比 Ce^{3+} 掺杂和 H 钝化单独作用时强，其原因在于两个机制同时作用于硅纳米晶，所以光致发光进一步增强，同样双面掺杂和双面掺杂后 H 钝化的光致发光强度也得到了很大提高[26][27]。

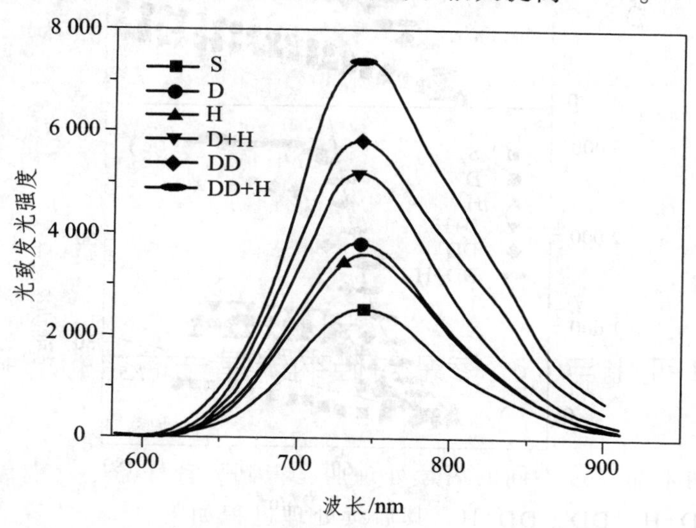

图 7.5　6 种样品在激发光波长为 300 nm 的光致发光谱

图 7.6（a）所示为 6 种样品在脉冲功率密度为 0.3 W/cm^{2}下的 VSL 曲线，7.6（b）给出了 6 种样品相应的 SES 曲线，应用模拟计算公式（7.1），可得到如图 7.2（c）所示的结果，图中黑色曲线代表的是硅纳

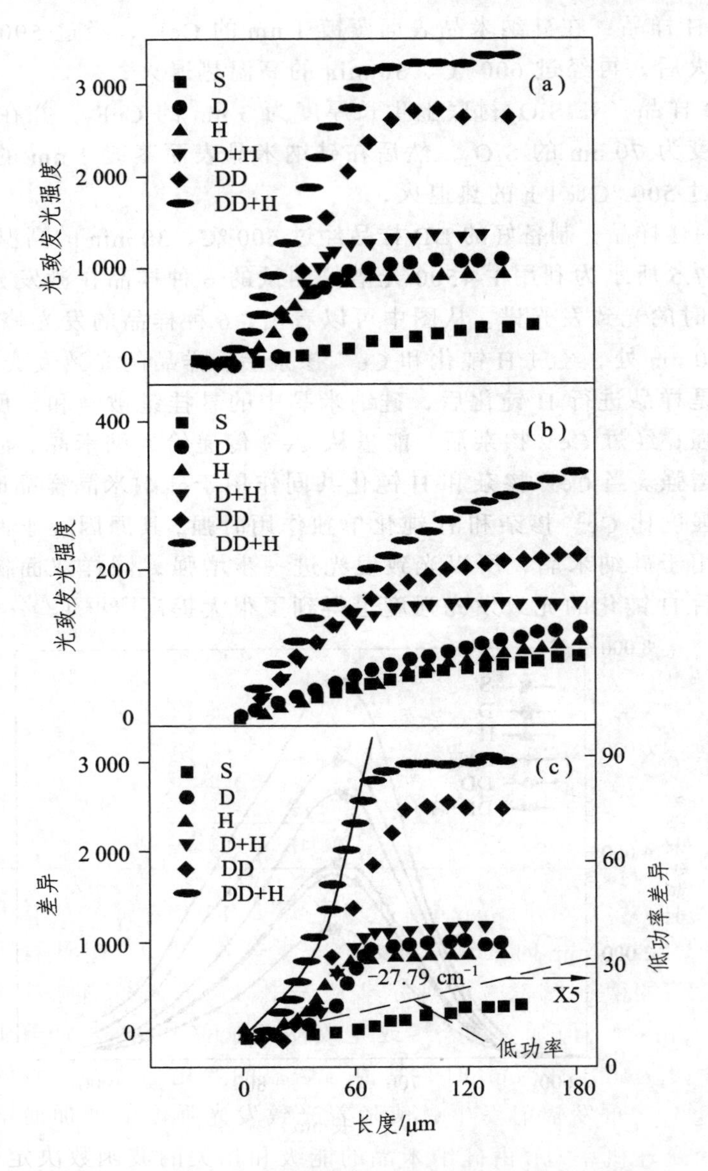

图 7.6　6 种样品的 VSL 和 SES 结果

米晶在功率密度为 0.3 W/cm^2 下的光增益，其增益值较小，但随着后续处理的增加，其增益逐渐增大；图中虚线代表的是在功率密度为 0.04 W/cm^2 下的硅纳米晶的光增益，该曲线近似于直线，说明该样品无非线性效应，通过计算得出[28][29][30]该功率密度下的增益为 −27.79 cm^{-1}。因此，当功率密度较低时，其样品无增益出现。要使硅纳米晶存在光学增益，其脉冲功率密度至少大于 0.04 W/cm^2。

表 7.1 给出了 6 种样品在脉冲功率密度为 0.3 W/cm^2 下的光致发光强度、光增益、光损耗、光致发光的寿命以及在功率密度为 0.04 W/cm^2 下的寿命等参数。从表中可以看出，6 种样品光学增益的增强趋势与其光致发光强度的变化趋势是一致的，但光增益的增强高于光致发光增强，是光致发光增强的 1.3 ~ 1.7 倍。同样如图 7.5 所示经过 H 钝化和 Ce^{3+} 掺杂后，样品的光增益也增强，因此，通过氢钝化减小硅纳米晶中的悬挂键和 Ce^{3+} 掺杂使能量从 Ce^{3+} 传递给硅纳米晶来提高其光致发光强度的方法同样适用于提高其光学增益。

表 7.1　6 种样品在不同功率密度下的光致发光强度、光增益、光损耗

样　品	S	D	H	D+H	DD	DD+H
光致发光强度	1	1.51	1.42	2.05	2.31	2.93
G/cm^{-1}	66.85	211.65	198.81	255.85	272.10	319.83
α_{Tot} /cm^{-1}	22.67	22.21	19.90	23.97	22.92	22.12
g/cm^{-1}	89.52（1）	233.86（2.61）	218.71（2.44）	279.82（3.13）	295.02（3.29）	341.95（3.82）
$\tau_{0.3}$/μs	14.03	13.29	11.55	11.23	10.01	9.83
$\tau_{0.04}$/μs	6.84	10.93	11.48	12.02	13.51	14.92

图 7.7 给出了 6 种样品在脉冲功率密度为 0.3 W/cm^2 和 0.04 W/cm^2 下、波长为 740 nm 时的衰减曲线。根据公式（7.2）可计算出在不同功率密度下的值，如表 7.1 所示。从表中可以看出，当脉冲功率密度为 0.3 W/cm^2 时，值随着增益（或光致发光强度）的增加而降低；当脉冲功率密度为 0.04 W/cm^2 时，其值与增益的变化趋势是一致的。在低功率密度下，自发辐射发生，值随着光致发光强度的增加而增大，自发辐射的跃迁概率 A_{21} 由硅纳米晶的能级和相关的波函数决定，而与外

界激发因素无关，6 种样品的 A_{21} 是相同的。在自发辐射中，值的大小与电子衰减的方式（辐射复合发光、螺旋钴、声子等）有关，即衰减方式越多，激发电子损失越快，寿命就越短[31][32][33]。H 钝化饱和了悬挂键，非辐射中心的数目减少，H 钝化之后寿命有所增加，在 Ce^{3+}掺杂后，Ce^{3+}将能量传递给硅纳米晶，增加了激发态粒子数目，所以相应的寿命也增加。如表 7.1 所示的在脉冲功率为 0.04 W/cm^2 时，DD+H 的寿命最大。

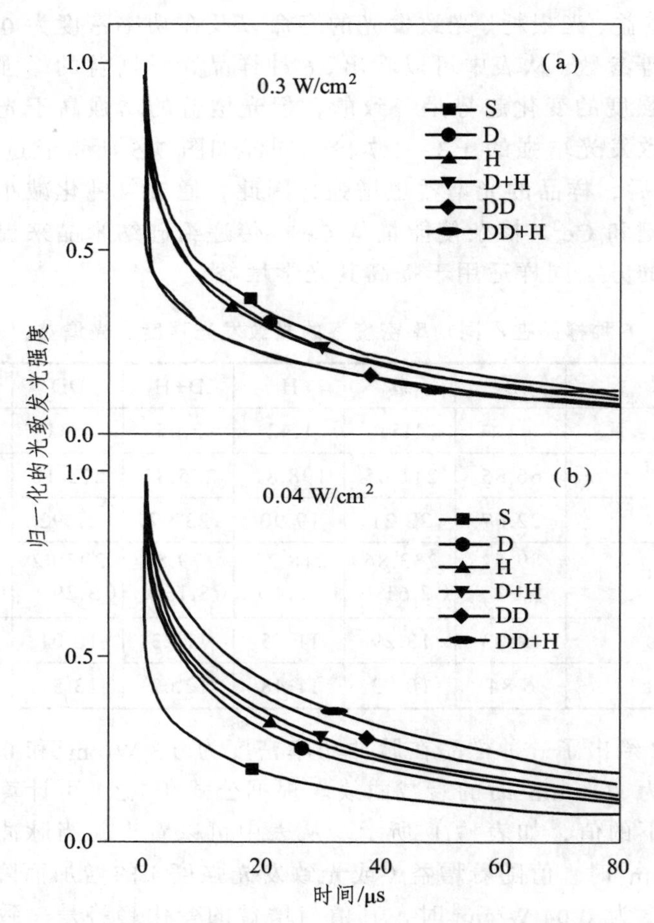

图 7.7　6 种样品在不同功率密度下的衰减曲线

受激辐射的跃迁概率，6 种样品中的 B_{21} 相同，但 6 种样品中的光子密度不同。当硅纳米晶的激发能级上具有较多的电子时，受激辐射的光子数目也相应地增加，受激辐射的跃迁概率增加，所以值降低。在高功率密度下，由于反转离子数不同，所以 6 种样品中的跃迁概率不相同，H 钝化阻止电子的损失，而 Ce^{3+}掺杂有利于提高受激硅纳米晶的电子数目，H 钝化和 Ce^{3+}掺杂可直接或间接减少非辐射衰减方式[34]，因此，H 钝化和 Ce^{3+}掺杂之后寿命有所降低，如表 7.1 所示的在脉冲功率为 0.3 W/cm^2 时，DD+H 的寿命最小。

7.4 本章小结

本章介绍了硅纳米晶光学增益的 VSL 和 SES 测试方法及其模拟计算，研究了 H 钝化和 Ce^{3+}掺杂对硅纳米晶光学增益的增强，即经过双面掺杂和 H 钝化后，可大大提高硅纳米晶的光学增益，并且得出在功率为 0.04 W/cm^2 时，无增益存在。最后还研究了硅纳米晶在脉冲功率密度为 0.04 W/cm^2 和 0.3 W/cm^2 下的寿命，得出在脉冲功率密度为 0.04 W/cm^2 时，寿命随着发光增强逐渐增大；在功率密度为 0.3 W/cm^2 时，寿命随着发光增强逐渐减小。

参考文献

[1] CANHAM L T. Silicon quantum wire array fabrication by electrochemical and chemical dissolution of wafers[J]. Applied Physics Letters, 1990, 57: 1046-1048.

[2] 沈桂芬，吕品，刘兴辉，等. 多孔硅及其应用研究[J]. 辽宁大学学报，2000, 27(3): 249-255.

[3] BISI O, OSSICINI S, PAVESI L, et al. Porous Silicon: A Quantum sponge structure for silicon based optoelectronics[J]. Surface Science Report, 2000, 38: 1-126.

[4] PAVESI L. A review of the various efforts to a silicon laser[J]. Proceedings of SPIE, 2003, 4997: 206-220.

[5] LOCKWOOD D J. Light emission in silicon nanostructures[J]. Journal of Materials Science, 2009, 20: 235-244.

[6] FAUCHET P M, RUAN J, CHEN H, et al. Optical gain in different silicon nanocrystal systems[J]. Optical materials, 2005, 27: 745-749.

[7] NEGRO L D, CAZZANELLI M, DALDOSSO N, et al. Stimulated emission in plasma-enhanced chemical vapour deposited silicon nanocrystals[J]. Physica E, 2003, 16: 297-308.

[8] NEGRO L D, CAZZANELLI M, DANESE B, et al. Light amplification in silicon nanocrystals by pump and probe transmission measurements[J]. Journal of applied physics, 2004, 96: 5747-5756.

[9] JAMBOIS O, RINNERT H, DEVAUX X, et al. Photoluminescence and electroluminescence of size-controlled silicon nanocrystallites embedded in SiO_2 thin films[J]. Journal of applied physics, 2005, 98: 046105.

[10] AMANS D, CALLARD S, GAGNAIRE A, et al. Optical properties of a microcavity containing silicon nanocrystals[J]. Materials and Engineering B, 2003, 101: 305-308.

[11] LIN G R, LIAN C W, WU C L, et al. Gain analysis of optically-pumped Si nanocrystalwaveguide amplifiers on silicon substrate[J]. Optics express, 2010, 18(9): 9213-9219.

[12] TSENG C K, LEE M C M, HUNG H W, et al. Silicon-nanocrystal resonant-cavity light emitting devices for color tailoring[J]. Journal of applied physics, 2011, 111: 1046-5683.

[13] SHAKLEE K L, NAHORY R E, LEHENY R F, et al. Optical gain in semiconductors[J]. Journal of Luminescence, 1993, 7: 284-309.

[14] FAUCHET P M, RUAN J, CHEN H, et al. Optical gain in different silicon nanocrystal systems[J]. Optical Materials, 2005, 27: 745-749.

[15] NEGRO L D, BETTOTTI P, CAZZANELLI M, et al. Applicability conditions and experimental analysis of the variable stripe length method for gain measurements[J]. Optics Communications, 2004,

229: 337-348.

[16] XU J,MAKIHARA K, DEKI H, et al. Electroluminescence from Si quantum dots/SiO_2 multilayers with ultrathin oxide layers due to bipolar injection[J]. Solid State Communications, 2009, 149: 739-742.

[17] CHEN H. Towards a nanocrystalline silicon laser[D] New York: University of Rochester, 2007.

[18] VALENTA J, PELANT I, LINNROS J. Waveguiding effects in the measurement of optical gain in a layer of Si nanocrystals[J]. Applied Physics Letters, 2002, 81(81): 1396-1398.

[19] CHENG C H, LIEN Y C, WU C L, et al. Mutlicolor electroluminescent Si quantum dots embedded in SiOx thin film MOSLED with 2.4% external quantum efficiency[J]. Optics Express, 2013, 21(1): 391-403.

[20] ZHU J, WU X, ZHANG M, et al. Photoluminescence responses of Si nanocrystal to differing pumping conditions[J]. Journal of applied physics, 2011, 110(1): 440.

[21] WANG D C, CHEN J R, LI Y L, et al. Optical gain enhancement in Si nanocrystals after hydrogenation and cerium ion doping[J]. Journal of Applied Physics, 2014, 116, 043512.

[22] FANG Z, CHEN Q Y, ZHAO C Z. A review of recent progress in lasers on silicon[J]. Optics & Laser Technology, 2013, 46: 103-110.

[23] DOHNALOVA K, PELANT I, KUSOVA K, et al. Closely packed luminescent silicon nanocrystals in a distributed-feedback laser cavity[J]. New Journal of Physics, 2008, 10: 063014.

[24] ZHAO X, KOMURO S, ISSHIKI H, et al. Fabrication and stimulated emission of Er-doped nanocrystalline Si waveguides formed on Si substrates by laser ablation[J]. Applied Physics Letters, 1999, 74: 120.

[25] FANG Y, XIE Z, QI L, et al. The effects of CeF_3 doping on the photoluminescence of Si nanocrystals embedded in a SiO_2 matrix[J]. Nanotechnology, 2005, 16: 769-774.

[26] CARTIER E, STATHIS J H. Passivation and depassivation of silicon dangling bonds at the Si/SiO_2 interface by atomic hydrogen[J]. Applied Physics Letters , 1996, 69: 103-105.

[27] KOCH F, PETROVA-KOCH V, MUSCHIK T, et.al. The luminescence of porous Si: the case for the surface state mechanism[J]. Journal of Luminescence, 1993, 57: 271-281.

[28] ZIDEK K, TROJANEK F, MAIY P, et al. Femtosecond luminescence spectroscopy of core states in silicon nanocrystals[J]. optics express, 2010, 18: 25241.

[29] HARTEL A M, GUTSCH S, HILLER D, et al. Fundamental temperature-dependent properties of the Si nanocrystal band gap[J]. physical review B, 2012, 85: 165306.

[30] LIN G R, LIAN C W, WU C L, et al. Gain analysis of optically-pumped Si nanocrystal waveguide amplifiers on silicon substrate[J]. optics express, 2010, 18: 9213.

[31] WU C L, LIN G R. Gain and Emission Cross Section Analysis of Wavelength-Tunable Si-nc Incorporated Si-Rich SiOx Waveguide Amplifier[J]. IEEE journal of quantum electronics, 2011, 47(9): 1230-1237.

[32] PACIFICI D, FRANZO G, PRIOLO F, et al. Modeling and perspectives of the Si nanocrystals-Er interaction for optical amplification[J]. physical review B, 2003, 67: 245301.

[33] CHEN R, TRAN T, NG K W, et al. Nanolasers grown on silicon[J]. nature photonics, 2011, 5:170-175.

[34] PELANT I. Optical gain in silicon nanocrystals: Current status and perspectives[J]. Physics. Status Solidi Applications, 2011, 208 (3): 625-630.

8 总结与展望

8.1 内容总结

在本书的研究工作中，首先，研究了镶嵌在 SiO_2 中的硅纳米晶的电致发光机理、界面效应在硅纳米晶发光中的作用。其次，研究了场效应和表面等离子体如何提高硅纳米晶的电致发光强度。最后，初步研究了量产硅量子点化学腐蚀的制备方法及该方法获得的硅量子点的发光，以及硅纳米晶光学增益的提高。

1. 硅纳米晶电致发光机理

利用热蒸发镀膜和高温热退火相分离的方法，制备镶嵌在 SiO_2 中的硅纳米晶。通过制备不同结构的样品，改变样品中空穴的浓度、硅的含量，比较电致发光峰位、开启电压，得出硅纳米晶的电致发光机理和缺陷与能带填充模型无关，而与硅纳米晶的尺寸有关，即硅纳米晶的电致发光是由小尺寸的硅纳米晶作用引起的。

2. 界面效应的研究

在 SiO_2 和 Si_3N_4 基体中制备硅纳米晶，得到不同的界面势垒和界面态，比较样品在不同的激发光能量下的光致发光强度值，研究界面效应在硅纳米晶发光中的影响。通过氢钝化研究得到界面态中起主要作用的是 Si、O 键，而不是悬挂键。由于 Si_3N_4 的势垒低，有利于载流子的传输，所以其电致发光强度高。最后还研究了提高硅纳米晶浓度可提高其发光强度。

3. 场效应增强硅纳米晶电致发光强度

在硅纳米晶发光二极管中加入 i-Si 和 Al_2O_3 作为场效应层，在有源层和场效应层之间形成界面电场，该电场方向与外加电场方向相同，有利于载流子的传输，所以电致发光强度增加。将 10 nm 的 i-Si 和 7 nm 的 Al_2O_3 分别加入硅纳米晶发光二极管中，电致发光强度得到很大提高。当两个场效应层共同作用于发光二极管时，电致发光强度提高了一个数量级。

4. 表面等离子体增强硅纳米晶发光强度

采用一种先超声、后热退火的方法来制备 Ag 表面等离子体，得出当退火温度为 200 °C 时，具有最强的吸收谱，将 Ag 纳米颗粒加入 SiO_2 和硅纳米晶发光二极管中，两者的发光强度都得到了增强，并且当退火温度为 200 °C 时，硅纳米晶的电致发光强度增加 5.2 倍。比较不同退火温度下样品的串联电阻，得出硅纳米晶的电致发光增强是由表面等离子体的存在引起的，而不是由串联电阻的减小引起的。

5. 量产硅量子点的制备及其发光性质的研究

采用一种无须真空要求的方法——化学腐蚀法制备量产的硅量子点，测量其光致发光、AFM 和 TEM，得出了尺寸为 3 ~ 5 nm 且分布均匀的硅量子点，样品的发光峰位在 650 nm 处，且发光峰半高宽较窄，表明此方法制备的硅量子点的尺寸更加均匀。同时，研究了不同 H 钝化条件下硅量子点的光致发光强度。最后研究了 p-Si 衬底上的硅量子点的电致发光强度，但关于 ITO 衬底上的电致发光强度还有待进一步研究。

6. 硅纳米晶的受激辐射

获得高的光学增益是制备硅激光器的基础。通过 H 钝化和 Ce^{3+}掺杂可提高硅纳米晶的光学增益，并得出在功率密度为 0.04 W/cm^{2}时，无光学增益存在。通过测量脉冲功率密度为 0.04 W/cm^2 和 0.3 W/cm^2 下的寿命，得出在脉冲功率密度为 0.04 W/cm^{2}时，寿命随着发光增强逐渐增大；而在功率密度为 0.3 W/cm^{2}时，寿命随着发光增强逐渐减小。

8.2 展　望

本书主要对硅纳米晶电致发光的机理及提高其发光强度的方法、量产硅量子点的制备方法及其发光研究、硅纳米晶的受激辐射等方面进行了阶段性研究，而相关研究仍有继续深入和探索的必要。

首先，关于硅纳米晶电致发光机理及其强度提高研究方面，本书介绍的场效应方法是在界面上形成与外加电场方向相同的界面电场来提高电子的传输，从而提高硅纳米晶的电致发光强度，同样可以通过引入其他的物理机制来提高电子和空穴的复合概率，从而提高硅纳米晶的电致发光强度，或者是通过改变硅纳米晶的介电材料（势垒较低的 SiN、SiC 等）来提高电子的隧穿概率，或是改变器件的结构，如将纵向结构改为横向结构来提高发光二极管的亮度。电致表面等离子体方法是将局域场应用于硅纳米晶的发光中，还可进一步研究由不同的贵金属所产生的局域场对硅纳米晶发光的影响，以及局域的表面等离子体场作用的深度等。通过提高硅纳米晶的浓度来提高其发光强度是最基本、最常见的方法。本书介绍的量产硅量子点的制备及其发光研究为此打下了一定的基础。

其次，关于量产硅量子点的制备及其发光强度研究方面，本书采用硝酸和氢氟酸混合酸液作为腐蚀液，但此方法制备的硅量子点的致密度较差，因此可以采用硝酸和氢氟酸周期反应的方法来进行制备，或者将作为氧化剂的硝酸用过氧化氢取代，或者用尺寸更小（20 nm）的硅纳米颗粒作为原料在氧气中直接氧化，得到二氧化硅包裹的尺寸为 3～5 nm 的硅量子点。在制备过程中，硅纳米颗粒会发生团聚，因此在原材料中加入分散剂来制备尺寸均匀的硅量子点。在本书的研究中得出尺寸为 5 nm 左右、发光峰位在 650 nm 左右处的硅量子点，同样通过改变混合溶液的浓度和反应时间等参数来调节制备的硅量子点的尺寸，从而获得发不同颜色光的发光二极管器件。

最后，关于硅纳米晶的受激辐射研究方面，同样可通过提高硅量子点的浓度来提高其光致发光强度和光学增益特性，或者利用更加精确的技术方法控制硅量子点的尺寸分布，设计更加合理的波导结构，从而通过减少传输过程中的损耗来提高其光学增益，为制备硅激光器打下坚实的基础。

附 录

附录 1 实验试剂列表

硅片	<1 0 0>晶向 p-型硅，厚度 0.5 mm，电阻率 0.5～1 Ω·cm
石英片	洁净度约 1 000 级，厚度为 0.5 mm，上海大恒光学精密机械有限公司
硅锭	本征硅锭，p-型硅锭，n-型硅锭
一氧化硅	4N，阿拉丁试剂（上海）有限公司（SiO）
二氧化硅	4N，国药集团化学试剂有限公司（SiO_2）
氟化铈	4N，国药集团化学试剂有限公司（CeF_3）
氮化硅	4N，阿拉丁试剂（上海）有限公司（SiN 或 Si_3N_4）
氯化锰	
氧化铕	
丙酮	AR，上海达和化学品有限公司，纯度 99.5%，500 mL
无水乙醇	AR，上海振兴化工一厂，纯度≥99.7%，500 mL
浓硫酸	太仓市直塘化工有限公司，纯度 95%～98%，500 mL
过氧化氢	
氢氟酸	纯度为 75%
硅纳米颗粒	含量为 5N，尺寸为 50 nm，北京德科岛晶材料有限公司
硝酸	纯度为 99%
Al 丝	纯度为 98%，直径为 1 mm
ITO	通过磁控溅射方法进行制备
硝酸银	纯度为 99.8%
氮气	纯度为 99%
氢气	纯度为 95%

附录 2　硅纳米晶形成的微观过程

从拉曼谱分析可知，未经过热处理的 SiO_x 薄膜是非晶态膜，非晶态结构是一种不稳定相，为了使体系的焓更低，非稳定态相有向更稳定的相转变的趋势。

未经过热处理的 SiO_x 薄膜中，Si 主要呈二价态，即 Si^{2+}，同时 Si^{0}，Si^{1+}，Si^{3+}，Si^{4+}也以一定的百分比存在。各价态中除了 Si^{4+}和 Si^{0}，其他各相都是非稳定态。Si^{1+}和 Si^{3+}分别向 Si^{0} 和 Si^{4+}转变，而两个 Si^{2+}将转变成一个 Si^{1+}和一个 Si^{3+}。每一步转变都要克服一定的势垒，所以都需要激活能，只有当获得的激活能大于势垒高度时，才可能发生转变。各价态的 Si 以及可能的变化趋势如图 1 所示。

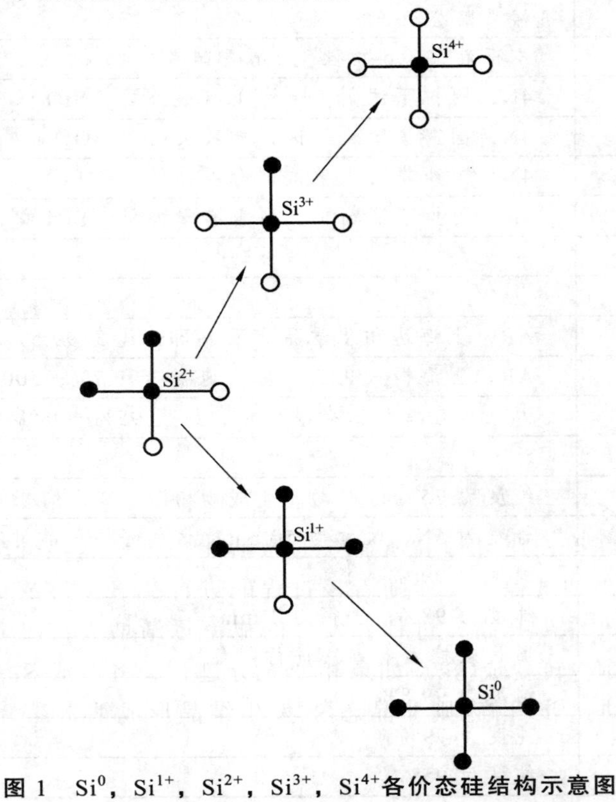

图 1　Si^{0}，Si^{1+}，Si^{2+}，Si^{3+}，Si^{4+}各价态硅结构示意图

相变是扩散型的，主要通过空位和间隙机理来实现。Barranco 基于团簇理论和量子机制，计算出两个 Si^{2+}转变成一个 Si^{1+}和一个 Si^{3+}（$2Si^{2+} \rightarrow Si^{1+} + Si^{3+}$，称之为过程Ⅰ)的激活能是 54 kJ/mol，而 $Si^{1+} + Si^{3+} \rightarrow Si^{0} + Si^{4+}$（称之为过程Ⅱ）的激活能是 125 kJ/mol，如图 2 所示。所以过程Ⅰ比过程Ⅱ更容易发生。

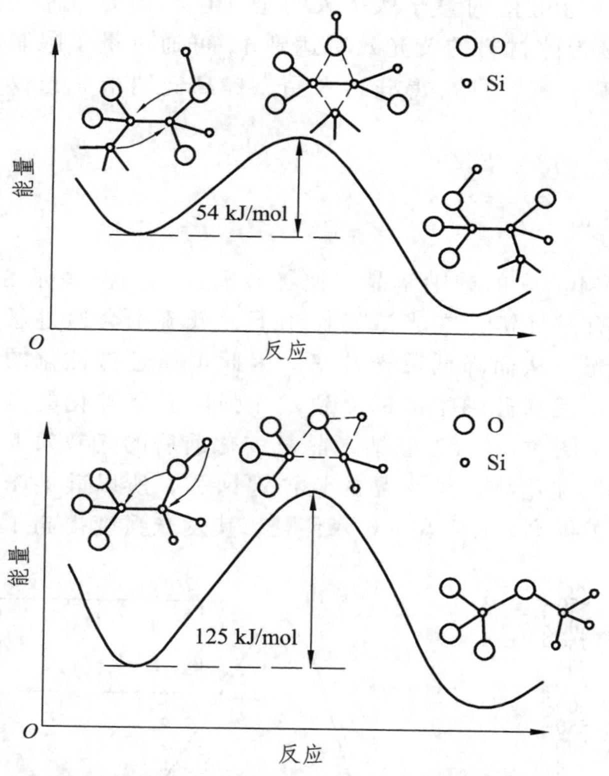

图 2 激活能以及反应物、生成物和相变态结构[100]

由于过程Ⅰ比过程Ⅱ所需要的激活能小，所以热处理温度低时，发生的主要是过程Ⅰ。伴随着该过程的进行，将会形成更多的 Si^{3+}。随着温度进一步升高，过程Ⅱ发生的概率逐渐增大，更多的 Si^{3+}转变成 Si^{4+}，Si^{1+} 转变成 Si^{0}，如果相变充分进行，将形成 Si 区和 SiO_2 区。如果温度进一步升高,则非晶态 Si 发生结晶形成纳米晶 Si 镶嵌在 SiO_2 介质中。

附录 3　增强硅纳米晶光致发光的方法

块体硅是一种间接带隙材料，电子跃迁需要声子辅助，发光效率低，块体硅在 300 K 时量子效率大约是 10^{-5}，因此，需提高硅的发光效率。而直接带隙材料的荧光效率达到 1，可通过量子限制效应将其转换为直接带隙材料，即可得硅纳米晶。提高硅纳米晶光致发光强度的方法如下：

1. 氢钝化

镶嵌于 SiO_2 中的硅纳米晶表面虽被氧钝化，但晶体 Si 和 SiO_2 界面处仍存在有悬挂键。在光激发作用下，载流子会通过悬挂键复合，而不发射荧光，从而降低荧光效率。因此可通过氢钝化的方法来饱和悬挂键，从而提高硅纳米晶的光致发光强度。氢钝化的具体过程如正文中所叙述。图 3 所示为硅纳米晶氢钝化前后的光致发光谱。从图中可以得出，氢钝化将硅纳米晶的悬挂键饱和，所以硅纳米晶的光致发光强度得到了提高；在 740 nm 峰位处，其发光强度提高了 100%左右。

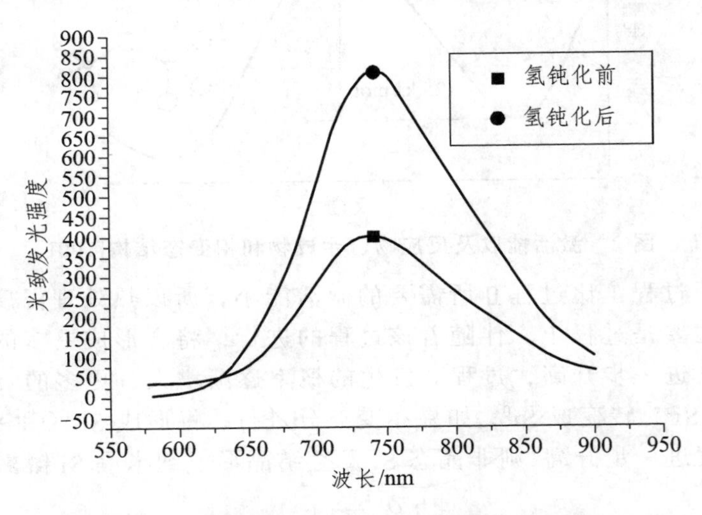

图 3　硅纳米晶氢钝化前后的光致发光谱

2. 稀土元素掺杂

稀土元素因为其特殊的电子层结构，而具有和一般元素不同的光谱性质。稀土元素的原子具有未充满的受到外界屏蔽的4f5d电子组态，因此有丰富的电子能级和长寿命激发态，可以产生多种多样的辐射吸收和发射，构成广泛的发光和激光材料。稀土的发光主要是由于稀土离子的4f电子在不同的能级之间跃迁产生的。铈（Ce）是最丰富的稀土元素之一，铈原子的电子构型为 $1s^2 2s^2 p^6 3s^2 p^6 d^{10} 4s^2 p^6 d^{10} f^2 5s^2 p^6 6s^2$，其结构图如图4所示。三价态铈最外层只有一个电子，因而具有光学活性。Ce^{3+}掺杂的晶体在可调谐激光器方面受到广泛应用。Ce^{3+}的基态和激发态分别是4f和5d态，其激发和跃迁过程如图5所示。

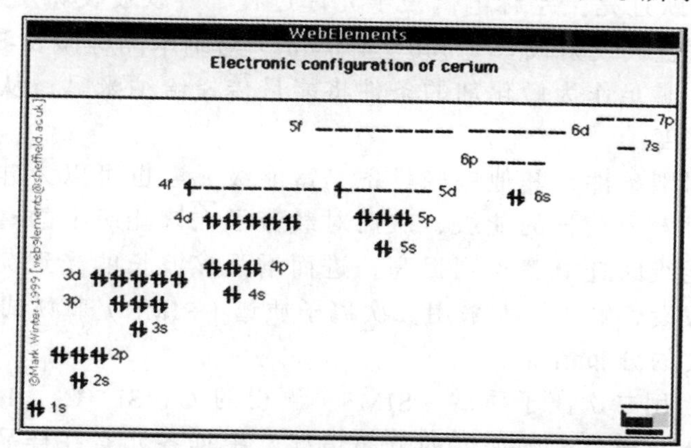

图4 Ce原子的基态电子排布

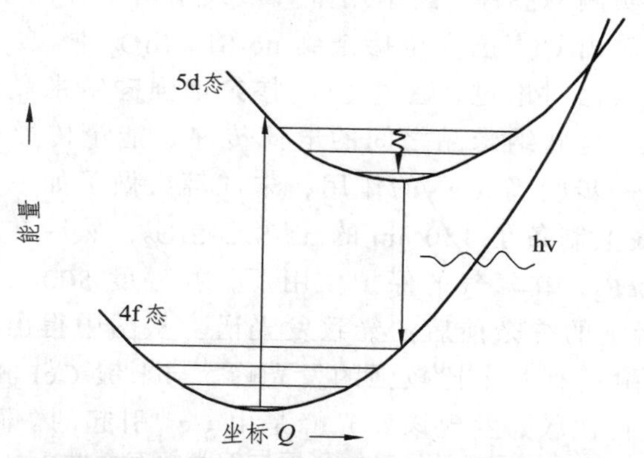

图5 Ce^{3+}的基态（4f）和激发态（5d）以及电子跃迁示意图

当温度为 6 K 时，在真空紫外光（VUV）的激发下，CeF_3 晶体的发射谱呈双峰结构，峰位在 285 nm 和 301 nm 处，对应于 4f 态的自旋分裂态（$2F_{5/2}$，$2F_{7/2}$）。而处于缺陷态的 Ce^{3+} 的发射谱峰位在 350 nm 和 410 nm 处，在 320 ~ 450nm 范围内形成带尾结构。Ce^{3+}的吸收和跃迁是反宇称电偶极子允许过程，所以吸收系数很大且荧光寿命很短，大约是 10^{-8} s。

要增强硅纳米晶的荧光强度，需找到一种敏化剂能够将能量传递给硅纳米晶，从而增加其荧光发射。要实现敏化剂的能量传递，必须满足两个条件：一是敏化剂要有大的吸收和发射截面；二是发射的能量应该能够被纳米晶硅吸收。前面介绍的 Ce^{3+} 因其最外层只有一个电子，吸收和跃迁是反宇称电偶极子允许过程，所以吸收和发射截面大，寿命短；而且其发射波长（300 ~ 450 nm）与纳米晶硅激发波长重叠，因此，Ce^{3+} 满足作为敏化剂的条件将能量传递给纳米晶，从而增强其荧光发射强度。

依此判别条件，其他一些具备丰富能级元素也可以为硅纳米晶提供一个相对寿命较长的能级，从而对载流子在该能级上的富集提供便利，使得能级跃迁概率得到提高，进而增强该波长的光致荧光。为了验证这一假设，朱江等人采用二次离子质谱（SIMS）来测试 Ce^{3+} 在样品中随深度的分布情况。

图 6 为用二次离子质谱（SIMS）测得的 O、Si、Ce、F 四种元素在双面掺杂的样品中随深度的分布情况，根据各元素在样品中的分布情况和镀膜时实测的膜厚，图中用垂直虚线给出了样品中各层的界限，图中可清楚地看出 Ce^{3+}已完全掺杂到 nc-Si：SiO_2 中。

方应翠等人已讨论过，通过 CeF_3 掺杂增强硅纳米晶光致发光的可能原因有：Ce^{3+}与硅纳米晶之间的电荷传递、能量传递或界面的钝化作用。为了进一步明确 Ce^{3+}的作用，朱江等人做了如下实验：首先在 Si<1 0 0>基底上制备了 150 nm 的 nc-Si：SiO_2，然后在其表面蒸镀一层 1.5nm 的 CeF_3，在氮气的保护作用下，在温度 500 °C 下退火 1 h，得到如图 7 所示的掺杂前后的光致发光谱。从图中得出：在扩散退火之前，335nm 附近有一个比较强的发光峰，与未镀 CeF_3 的 nc-Si：SiO_2 的发光峰位进行比较，发现该发光峰是由 Ce^{3+}引起的。而在退火以后，此处的发光峰明显下降，同时硅纳米晶的发光强度得到增强。其原因在于：由于 Ce^{3+}与 nc-Si：SiO_2之间的荧光共振能量传递；由于 Ce^{3+} 与 nc-Si：SiO_2之间激子电荷传递；由于 Ce^{3+}提供的电子饱和了硅纳米晶和 SiO_2界面的悬挂键。

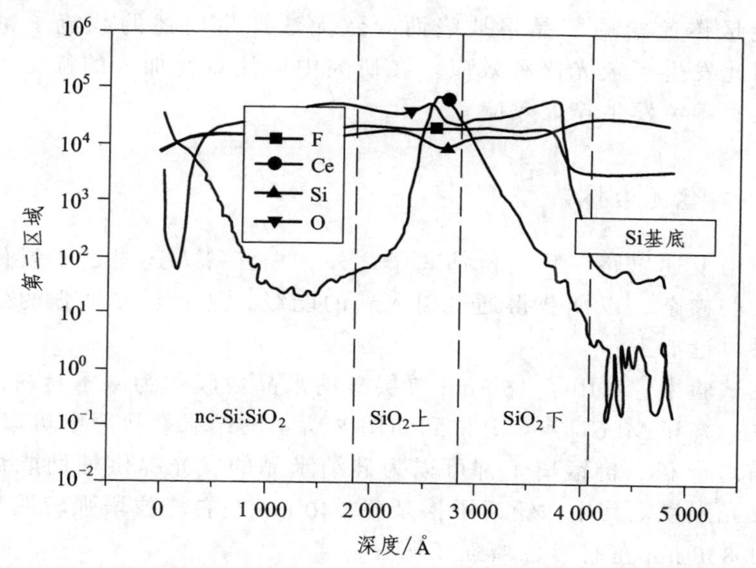

图 6 双面掺杂样品中 O、Si、Ce 和 F 四种元素的 SIMS 深度分布

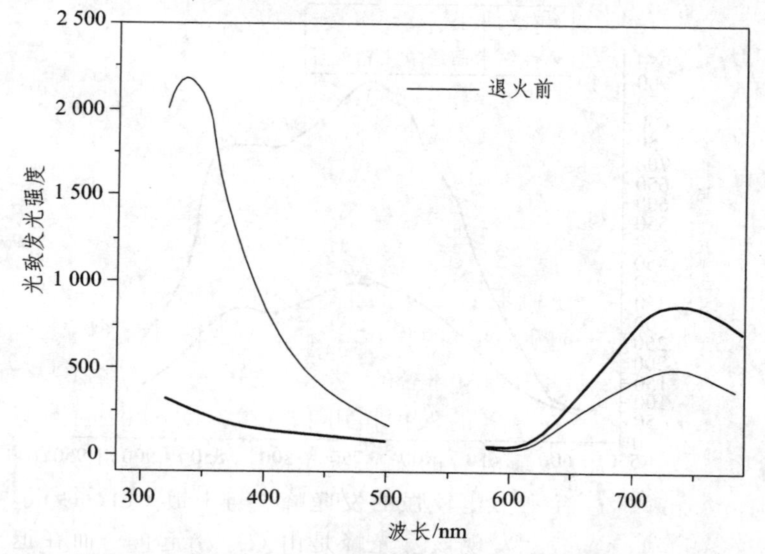

图 7 镀有 CeF_3 的 nc-Si：SiO_2 样品在扩散退火前后的光致发光谱

另外，在稀土元素掺杂研究中发现了猝灭效应，即当稀土元素过度掺杂时，硅纳米晶的荧光强度没有得到提高反而会剧烈下降。这是由于随着 Ce^{3+}离子浓度的增大，在铈离子晶格中，Ce^{3+}格位的发光通过将能量传递给周围晶格缺陷而导致无法产生前述的载流子富集现象，因此发生了荧光淬灭效应。在研究中应注意所加入的稀土元素的量，从而避免发生猝灭效应。

3. 其他元素掺杂

利用上述思路，除三价铈离子之外，朱江等人还尝试了氧化铕和氯化锰的掺杂，以期获得通过引入新的能级，达到荧光增强的效果。其结果讨论如下：

在试验中，采用了 150 nm 单层硅纳米晶薄膜作为基本材料。对其进行 Eu_2O_3 和 $MnCl_2$ 掺杂，得到如图 8 所示的结果。从图中可以看出，三价铕离子和二价锰离子都可以为硅纳米晶的发光提供辅助能级，增强其发光强度。其中，铕离子掺杂对 740 nm 左右峰位增强较明显，锰离子对 830 nm 左右峰位增强较明显。

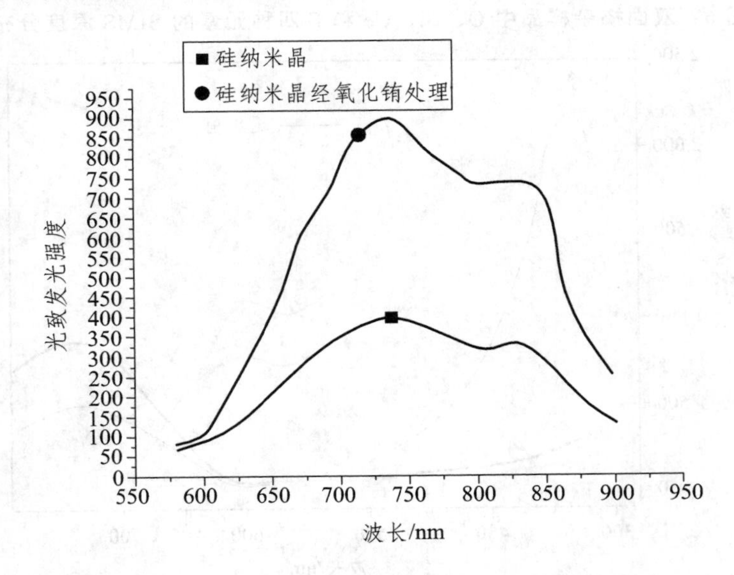

（a）

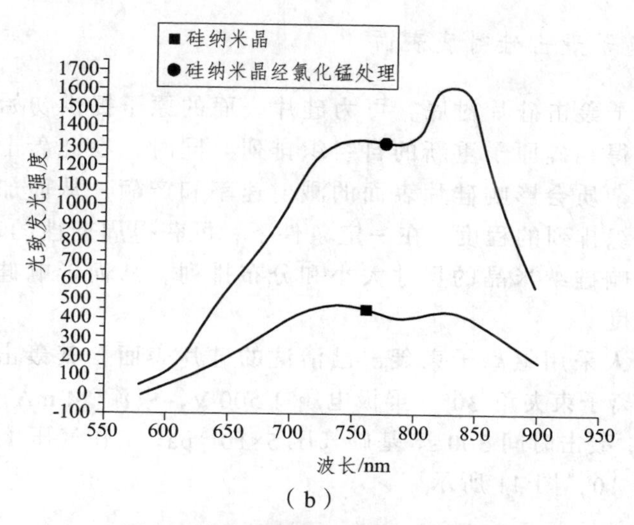

（b）

图 8　铕离子和锰离子的掺杂效果

同时，朱江等人还尝试了两种元素共同掺杂的结果，如图 9 所示。经过两种元素掺杂后，硅纳米晶荧光增强的趋势与单独掺杂的研究相同，两种元素对不同峰位的掺杂不同，Eu 离子对 740 nm 左右的峰位增强效果较好，Mn 离子对 830 nm 左右的峰位增强效果较好。但是由于两种掺杂元素引入的杂质能级存在竞争关系，所以两种元素综合的增强效果均不如单一元素掺杂带来的效果明显，并且发现两种元素共同掺杂不受单一稀土元素猝灭效应的影响。

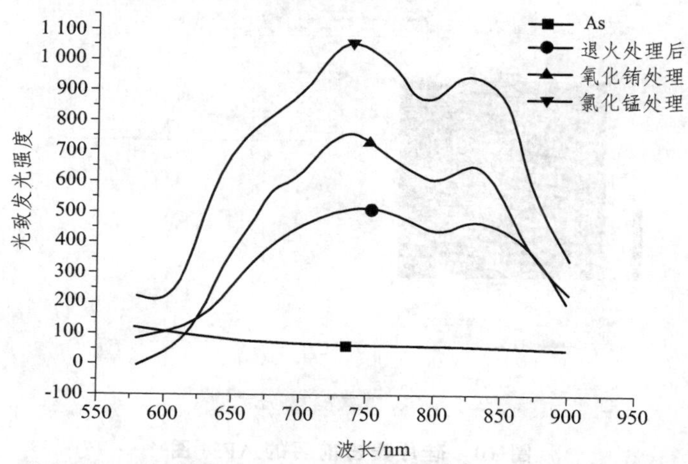

图 9　单层 150 nm 硅纳米晶薄膜经过 Eu^{3+}和 Mn^{2+}掺杂后的荧光增强

4. 氩离子轰击硅衬底表面

用氩离子轰击硅片衬底，可为硅片表面的原子提供初始动能，从而使其表面得到硅原子重新的自组织排列。同时，在此轰击过程中，引入的金属杂质会影响硅片表面的溅射速率和产额，从而加剧或减轻硅原子自组织排列的程度。在一定条件下，可获得周期性的表面结构。该结构将影响硅纳米晶的尺寸大小和分布排列，从而影响硅纳米晶的光致发光强度。

朱江等人采用氩离子束轰击已清洗的硅片表面，其轰击参数为：样品与入射离子束夹角 30°，屏极电压 1 500 V，束流 24 mA，束流密度 800 μA/cm^2，轰击时间 300 s，基础气压 5×10^{-5} pa，工作气压 1.7×10^{-2} pa。其结果如图 10、图 11 所示。

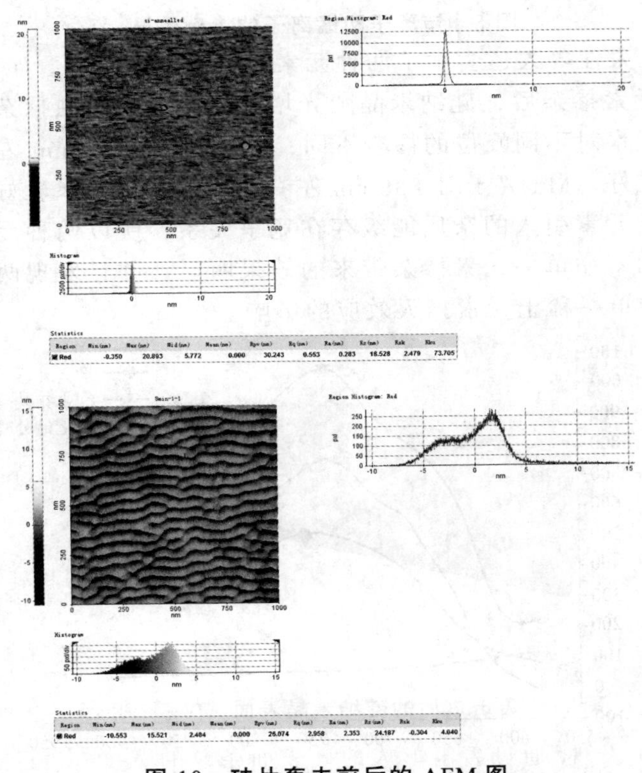

图 10　硅片轰击前后的 AFM 图

从图 10 中可以看到，对清洗过后的硅片表面进行轰击后，表面出现了明显的条纹状形貌，表面的粗糙度也从 0.55 nm 上升到 2.96 nm。

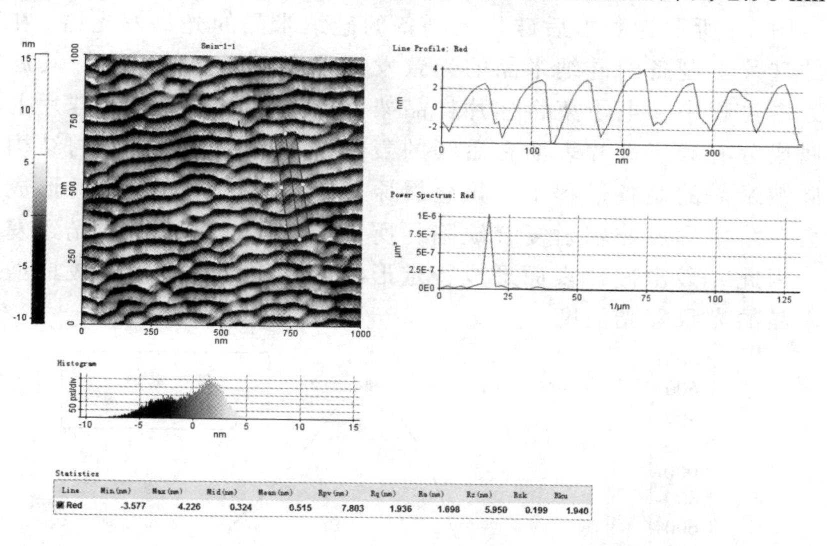

Line	Min(nm)	Max(nm)	Mid(nm)	Mean(nm)	Rpv(nm)	Rq(nm)	Ra(nm)	Rz(nm)	Rsk	Rku
Red	-3.577	4.226	0.324	0.515	7.803	1.936	1.698	5.950	0.199	1.940

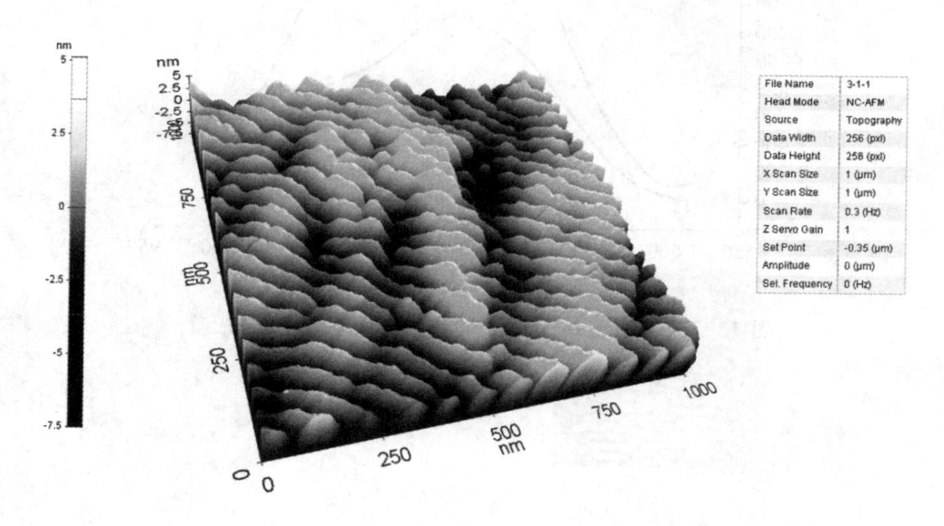

File Name	3-1-1
Head Mode	NC-AFM
Source	Topography
Data Width	256 (pxl)
Data Height	256 (pxl)
X Scan Size	1 (μm)
Y Scan Size	1 (μm)
Scan Rate	0.3 (Hz)
Z Servo Gain	1
Set Point	-0.35 (μm)
Amplitude	0 (μm)
Sel. Frequency	0 (Hz)

图 11　轰击过后的硅纳米晶表面 AFM 形貌

从图 11 中发现，通过轰击形成的硅表面条纹的宽度在 60 nm 左右，而高度仅有 4 nm 左右。相比经过轰击的硅片也仅有 2.5 nm 左右的均方根粗糙度，硅片表面出现的条纹状结构平缓，不足以调节厚度达到数百纳米的薄膜的生长情况。

图 12 所示为轰击后硅片上制备的硅纳米晶的光致发光谱，在轰击后的硅片上制备的硅纳米晶的光致发光强度有明显的下降。其原因在于轰击过程中，电子束将硅片样品架上的金属原子轰击到硅片上，该金属成分有利于硅片表面在后续的轰击过程中形成条纹状的结构，但在硅纳米晶的制备过程中，该金属原子却影响了硅纳米晶的形成，同时会在膜中形成非辐射复合缺陷，所以降低了硅纳米晶的光致发光强度。因此，轰击硅片表面形成特定形状的表面结构不能有效地增强硅纳米晶的光致发光强度。

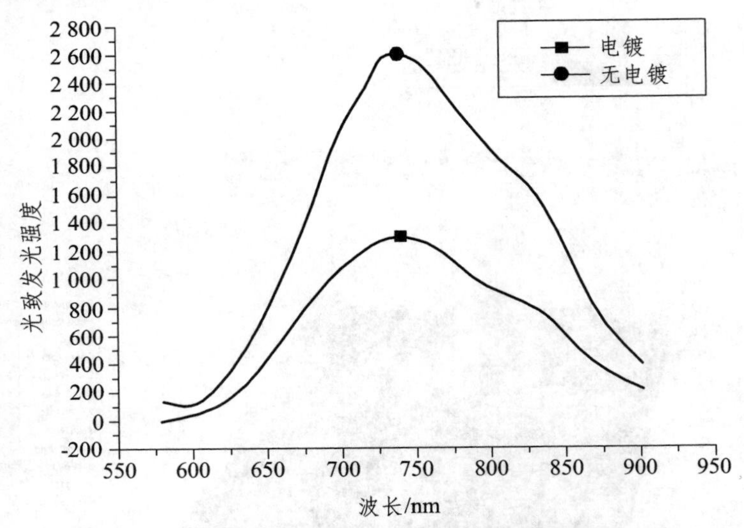

图 12 轰击后硅片上制备的硅纳米晶的光致发光谱